KB111768

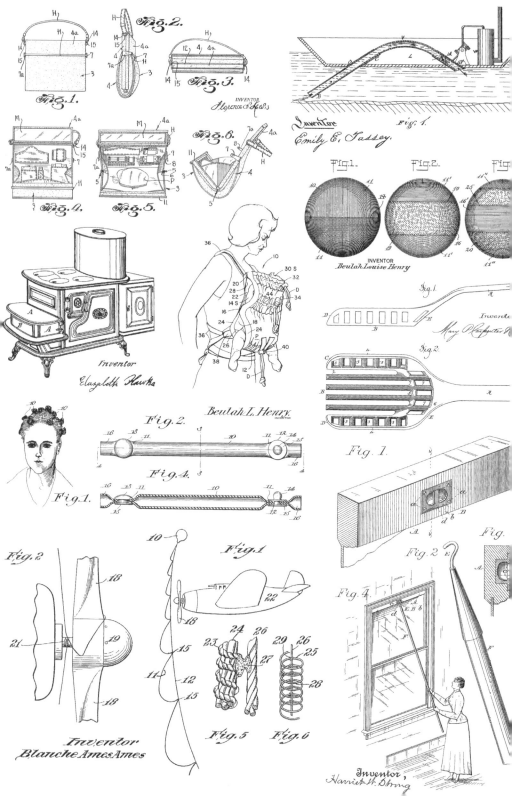

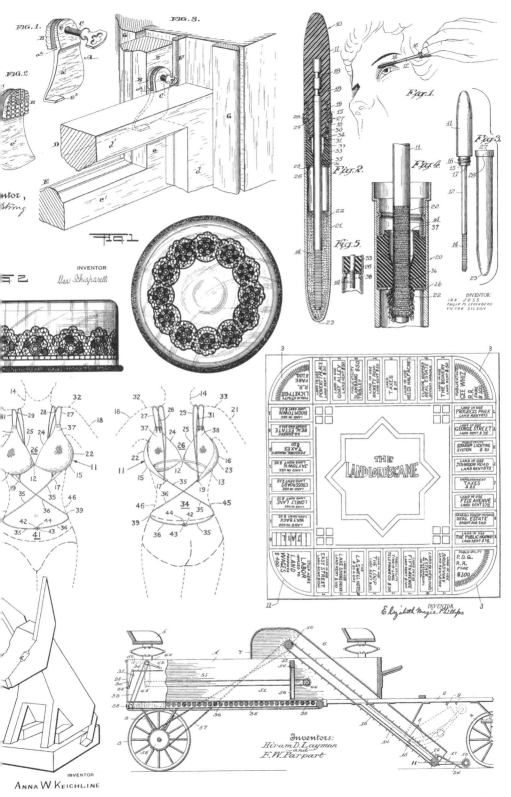

FIG.1. FIG.2.

FIG.3.

B

c

a⁵

d¹

a

A

D

E

d¹

e

e²

e¹

E

C

F

G

d

e¹

tor,

string

INVENTOR

Elsa Schiaparelli

F.i.g.1

F.i.g.2

10

11

18

18

19

15

27

16

30

34

31

33

35

36

28

29

22

21

26

14

Fig.2.

14

40

11

12

Fig.1.

11

Fig.4.

11

22

44

37

Fig.5.

33

35

38

14

22

26

36

20

14

11

16

13

17

28

Fig.3.

27

12

14

23

INVENTOR.
IRA JOSS
PHILIP M. LEDERBERG
VICTOR SILSON

14

32

18

29

28

27

37

25

24

26

15

12

19

35

17

35

36

42

44

35

43

41

46

39

36

22

11

14

32

27

37

24

25

26

22

15

12

17

35

36

46

44

39

42

36

43

35

14

33

31

29

21

38

26

16

23

13

35

19

45

34

35

THE LANDLORDS GAME

PUBLIC UTILITY
LICKETY-SPLIT
R.R.
FARE $100.

LAND IN USE
POVERTY PLACE
LAND RENT $50

LAND IN USE
GOAT ALLEY
LAND RENT $10

PUBLIC UTILITY
SLAMBANG
TROLLEY $50

LAND IN USE
RICKETY ROW
LAND RENT $10

TAXES
$10

LAND IN USE
HELLS HALFACRE

LAND IN USE
THE BOWERY
LAND RENT $10

PUBLIC UTILITY
GEORGE WHIZ
R.R.
FARE $100.

3

3

LAND IN USE
BOOMTOWN
LAND RENT $75

LAND IN USE
PROGRESS PARK
LAND RENT $50

R.R. GARAGE
LAND IS SOLD
REAL ESTATE

LAND IN USE
GEORGE STREET
LAND RENT $75

PERSONAL PROPERTY
TAXES
$10

LAND IN USE
SOAKUM LIGHTING
SYSTEM $50

LAND IN USE
DAYTOWN
LAND RENT $35

LAND IN USE
JOHNSON ROAD
LAND RENT 875

LAND IN USE
CROSSROADS
LAND RENT $25

IMPROVEMENT
TAXES
$25.

LAND IN USE
LONELY LANE
LAND RENT $25.

LAND IN USE
FELS AVENUE
LAND RENT $75

LAND IN USE
WAY BACK
LAND RENT $25.

LAND IN USE
REAL ESTATE
BRIGHT AND SOLD

JAIL

LAND IN USE
THE PUBLIC HIGHWAY
LAND RENT $75

STOP HERE
LABOR
APPLIED TO
LAND
PRODUCES
WAGES
$100.

LAND IN USE
EASY STREET
LAND RENT $100

LAND IN USE
LAME SHORE DRIVE
LAND RENT $5 A DAY

LAND IN USE
LA SWELL HOTEL

PUBLIC UTILITY
THE LOOP
TELEPHONE CO. $50

LAND IN USE
FIFTH AVENUE
LAND RENT $100

LORD BLUEBLOOD'S
ESTATE
NO TRESPASSING

LAND IN USE
THE
BROADWAY
LAND RENT $100

PUBLIC UTILITY
P.D.Q.
R.R.
FARE
$100.

11

3

INVENTOR.
Elizabeth Magie Phillips

5

10

6

1

7

50

40

31

28

30

32

39

38

34

42

45

51

51

56

33

34

44

36

36

36

8

9

16

14

15

11

17

18

24

57

58

2

3

Inventors:
Hiram D. Layman
and
F. W. Parpart

INVENTOR
Anna W. Keichline

슈퍼우먼 슈퍼 발명가

초판 1쇄 발행 2020년 6월 30일

글 그림 산드라 우베
옮김 윤승진   **감수** 신무연
펴낸이 정혜숙   **펴낸곳** 마음이음

책임편집 이금정   **디자인** 김세라
등록 2016년 4월 5일(제2018-000037호)
주소 03925 서울시 마포구 상암동 1602 문화콘텐츠센터 5층 6호
전화 070-7570-8869 **팩스** 0505-333-8869 **전자우편** ieum2016@hanmail.net
블로그 https://blog.naver.com/ieum2018

ISBN 979-11-89010-23-2 43400
       979-11-960132-5-7 (세트)
CIP2020022509

세상에
도전장을 내민
여성 발명가들
이야기

슈퍼우먼
슈퍼 발명가

산드라 우베 글 그림 | 윤승진 옮김 | 신무연 감수

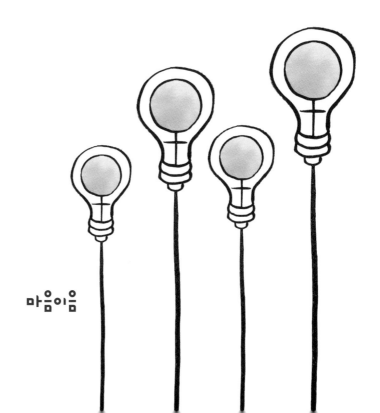

마음이음

세상에 당당히 도전하세요!

스파이더맨의 또 다른 자아인 피터 파커의 삼촌 가라사대 "위대한 능력에는 큰 책임이 따르는 법"이지요. 그런데 자신이 가진 초능력의 힘이 얼마나 큰지 알지 못하는 사람이 그런 큰 책임을 지게 된다면 어떨까요? 영화에서 주인공 피터는 숙모 댁에 얹혀사는 평범한 청년에 불과했으니 스파이더맨이 되었다가 다시 피터 파커라는 평범한 인물의 삶으로 돌아가더라도 아무 문제가 없었어요. 늘 그 자리에 있는 침대, 따뜻한 저녁 식사, 옷장을 열면 언제든 꺼내 입을 수 있는 옷가지들……. 입는 순간 초능력을 발휘하는 스파이더맨 슈트마저 깨끗하게 다림질되어 있을지도 몰라요. 슈퍼 영웅은 슈퍼 영웅일 뿐, 그들이 영화 속에서 보여 주는 모습 외에 책임져야 할 다른 일이 있는지 궁금해하는 사람은 아무도 없을 거예요.

그런데 여기 그들과 다른 슈퍼 영웅들이 있어요. 그들은 살아가는 내내 원하는 것을 얻기 위해 투쟁하며 살다 간 여자 영웅들이지요. 가족을 보살피는 일을 한시도 잊어서는 안 되는 삶을 살아야 했던 그들은, 남들이 보기에는 부족한 것이 없어 보였을지도 몰라요. 그래서 가진 것 외에 다른 무언가를 추구하는 그들을 이해하지 못하는 사람들도 있었겠지요.

에이다 러브레이스가 태어난 1815년에는 여성들이 도서관을 출입할 수 없었어요. 그럼에도 에이다는 해석 기관(1833년 찰스 배비지가 고안한 자동 계산기. 오늘날 컴퓨터의 기초가 되었다.)에서 처리되도록 설계된 알고리즘을 개발하는 쾌거를 이뤄 냈어요. 그래서 역사상 최초의 컴퓨터 언어 발명가로, 또 최초의 컴퓨터 프로그래머로 인정받고 있지요.

메리 펠프스 제이컵은 또 어떤가요? 1930년대에 뉴욕에서 활동했던 그는 어느 날 파티에 초대받았다가 드레스 앞섶 사이로 가슴이 드러나는 것을 깨닫고 현대식 브래지어를 발명했어요.

스페인의 마르가리타 살라스의 경우도 놀라워요. 생화학자였던 그는 기초 과학 분야에서는 보기 드물게 경제적으로 큰 이윤을 남기는 발명을 했어요. 같은 일을 하더라도 여성에게 남성보다 낮은 임금을 지불했고, 과학에 대한 투자가 미미했던 조국에 큰돈을 벌어다 준 셈이지요.

이들은 모두 자신이 태어나 자란 세상에 도전장을 내민 여성들이에요. 그들은 꿈을 마냥 꿈인 채로 내버려 두지 않고 현실로 이루어 냈어요. 인류의 행복을 위해 용감하게 큰 걸음을 내디뎠지만 사실 제대로 평가받지 못하고 역사책 끄트머리에 겨우 이름을 올리는 경우가 많았어요. 그렇지만 실상 그들의 이름이 주는 의미는 결코 가볍지 않아요. 그들은 단순히 발명품만 남긴 것이 아니라 위대한 여성의 가치를 남겼기 때문이에요.

여성 발명가들을 기리고자 추리고 추려 94명의 이야기를 이 책에 실었어요. 우리는 수많은 여성 발명가들의 반짝이는 아이디어 덕분에 더욱 풍요로운 세상을 살고 있지만 정작 그들은 우리와 함께 존재하지 않아요. 그들의 고마움을 조금이라도 더 가까이 느끼고자 초상화를 이야기에 곁들였어요.

이 책을 집필한 산드라 우베는 자유롭고 진취적이며 책임감이 강한 예술가예요. 사랑하는 가족이 있고, 언제나 꿈을 꾸는, 그리고 놀라운 그림 실력을 자랑하는 여성이기도 하고요. 아직 아무것도 발명하지 못했지만 언젠가는 발명가가 될 것임을 결코 부정하지 않아요. 레오나르도 다 빈치와 쥘 베른은 그의 우상이지요.

미술을 전공한 산드라 우베는 전설적인 팬 잡지인 「애너벨 리」(Annabel Lee)의 발행인이에요. 그리고 많은 대안 언론과 협업을 진행한 바 있고, 텔레비전 프로그램의 공동 제작자 겸 진행자로 활동하기도 했어요. 뿐만 아니라 『621㎞』, 『수선화』, 『줄루족의 시간』 등 세 편의 그래픽 노블을 출판한 작가이기도 하지요. 지금은 그림을 그리고 글을 쓰는 데 전념하고 있어요.

이 책이 여성 발명가들의 놀라운 능력을 널리 퍼뜨려 세상을 환기시킬 수 있다면 산드라 우베는 더없이 만족할 거예요. 여성 발명가들이 없었다면 이 세상은 지금처럼 살기 좋은 곳이 되지 못했을 테니까요.

라우라 페르난데스

발명가들의 세계로 떠나는 여행

저는 몇 년 전부터 여성 발명가들을 조사하기 시작했어요. 그들은 대부분 교과서에 나오지 않는 인물들이에요. 학교에서 배우지 않았는데 어떻게 알게 되었냐고요? 얼마 전부터 인터넷을 통해서 다양한 자료들을 접하게 되었어요. 신문 기사나 블로그의 포스트인 경우도 있었는데, 짧지만 흥미로운 이야기들이었죠. 이름도 모르고 실존 인물인지 확인도 안 되는 여성들의 이야기였지만 저는 이내 빠져들었어요. 그들 중 알 만한 사람은 마리 퀴리 정도였을까요? 나머지 여성들은 솔직히 저에게는 유령 같은 존재였어요. 역사에 족적을 남긴 여성들의 빛바랜 사진들……. 그들이 살았던 사회마저도 그 사진들을 남기기보다 지우려고 했다는 건 비극이에요. 그들의 삶은 투쟁 그 자체였어요. 그들이 남긴 발명품은 인류의 삶을 변화시켰

지만 그들의 삶은 역사에서 사라져 버린 경우가 많았어요.

저는 여성 발명가들에 대한 책을 만들기 위해 발명가 목록을 작성했어요. 그런데 자료가 너무 부족하고 심지어 어떤 정보는 사실이 아닌 것도 있어서 한동안 의기소침해 있기도 했었어요. 하마터면 그들에 대한 이야기를 책으로 엮는 계획을 포기할 뻔했었지요. 그렇지만 포기하지 않고 여성 발명가들의 시선을 좇으며 초상화 작업을 계속했어요.

어느 날엔가는 인터넷 서핑을 하다가 저처럼 진실을 밝히고 싶어 하는 사람들을 만나게 되었어요. 그래서 다시 힘을 내어 여성 발명가들에 대한 조사를 시작할 수 있었지요. 조사 작업을 진행하면서 저는 제가 찾아낸 자료의 정확성을 입증할 만한 정보를 입수할 수 있었어요. 또한 이미 출판된 도서들 몇 권을 보다가 여성 발명가들에 대한 조사라는 역사적이고도 과학적이며 젠더와 관련된 행위가 매우 의미 있는 운동으로 전환되고 있다는 점을 발견하고 놀라기도 했어요. 드디어 여성 발명가들의 가치를 인정받는 날이 도래했다는 생각이 들었어요.

이 책을 만드는 일련의 과정은 마술을 지켜보는 과정과 비슷했어요. 마술사가 하는 행동에 어떤 속임수가 있는지 의심 가득한 눈초리로 지켜보다가 결국 마술사의 손놀림에 속은 것을 깨닫게 되는 과정이 마치 제가 이 책을 만들기 위해 수집한 자료들의 정확성을 구분하는 과정과 매우 유사했거든요.

먼저 인터넷을 서핑하고, 정보의 진위를 의심하며 자료를 읽었어요. 그런 다음 정확한 정보만을 수집했어요. 듣기 지겹겠지만 자료를 찾기에 도서관만큼 좋은 장소는 없는 것 같아요. 그런데 만약 찾고자 하는 자료가 애초에 계획적으로 은폐되어 도서관에서도 찾을 수 없다면요?

알렉산드리아 도서관 대화재로 불타 버린 히파티아의 저작물처럼 역사적인 이유이든, 여성이라는 이유로 발명에 대한 특허를 본인 이름으로 등록할 권리를 누리지 못한 발명가들의 경우가 그러했어요. 발행 부수가 얼마 되지 않은 찾기 힘든 책들, 미국의 한 작은 동네의 행정 사무소에서나 찾을 수 있는 서류들, 지난 신문 기사들……. 저는 갖은 방법을 동원해 정보를 찾았어요.

원하는 정보를 찾을 가능성이 가장 높은 경우는 오래된 종이 문서가 디지털 문서로 전환되어 보관된 경우였어요. 그러니 최근 20년 동안 수많은 종이 문서들이 디지털 문서로 전환되었다는 사실을 알았을 때 제가 얼마나 기뻤겠어요? 이번에는 인터넷이 어두운 곳을 밝히는 빛과 같은 도서관이 되었어요. 저는 가지고 있던 자료에 인터넷에서 찾은 정보를 추가했어요. 하나, 둘 모인 자료는 어느새 수백 개가 넘었고, 결국 하나의 거대한 네트워크가 형성되었어요.

인터넷에 떠도는 정보는 몇 번이고 재검증해야 했어요. 3000명이 넘는 여성 발명가들 가운데 20명 이상은 남성이라는 정보가 있었어요. 확인해 보니 발명가의 이름이 남자 이름 같아서 생긴 오해였어요. 이게 다가 아니에요. 믿기 어렵겠지만 인터넷에서 검색되는 여성 발명가들의 발명 중에 기술이 제대로 설명된 경우는 몇 개 되지 않았어요. 한 여성 발명가의 사진이 전혀 관계없는 다른 발명가를 설명하는 글에 버젓이 사용된 경우도 허다했지요.

안나 코넬리의 경우, 지금도 뉴욕에서 흔히 볼 수 있는 화재 대피용 비상계단을 만든 발명가로 유명하지만, 실상 그가 발명한 것은 화재가 난 건물에서 옆 건물로 대피할 수 있게 이어 주는 화재 대피 다리예요. 그 둘은 엄

연히 다른 장치지요.

또 특허와 관련된 웹 사이트에 따르면, 여성들이 본인의 이름으로 특허를 등록하기 시작한 것은 19세기 말에 불과해요. 게다가 기혼 여성이라면 남편의 성을 따라야 했어요. 발명가들을 검색할 때 두 개의 성을 같이 검색해야 하니 얼마나 복잡했겠어요! 그렇게 해도 자료를 찾을 수 없는 경우, 저는 이름을 빼고 성으로만 검색했어요. 성을 빼고 이름만으로 검색하기도 했고요. 그래도 확인이 안 되는 경우에는 성명의 머리글자로도 검색했지요. 최후에는 철자가 잘못된 것이 아닐까 의심까지 들더라고요. 이 책에 소개된 발명가들 중 일부는 위에 열거한 검색 방법을 모두 동원해 찾아내야할 만큼 정확한 정보를 찾기가 힘들었다는 점을 말씀드리고 싶어요.

많은 여성 발명가들은 남편이나 가족, 또는 일하던 회사가 방해해서, 혹은 막연히 그들이 두려워서 진실을 숨긴 사례도 있었어요. 그 결과 특허증에 알 수 없는 기호로 성명이 기재된 경우도 있었어요. 필명을 사용하거나 진짜 이름을 여러 가지 방법으로 표시한 경우는 그나마 양반이지요. 발명가의 이름이자 코스메틱 브랜드인 엘리자베스 아덴의 경우가 그런 경우에 해당해요.

특허증에 표기된 세례명이나 주거지 정보는 다시 검증해야 했고, 그것들을 근거로 더 많은 정보를 찾아내려고 시도했어요. 간혹 본인의 신원을 숨기고 싶어도 미처 서명까지는 신경 쓰지 못한 발명가들도 있었어요. 그래서 특허증에 표기된 서명은 본명으로 확인되지 않는 특허를 추적하는 데 큰 도움이 되었어요.

그러나 이러니저러니 해도 남편의 이름으로 특허를 등록한 경우가 가장 흔하고 안타까웠어요. 20세기 초만 하더라도 많은 여성들이 법 앞에 권리를 행사하지 못했고, 배우자가 특허증에 본인의 이름을 쓰도록 '허락'해 주는 경우도 흔치 않았거든요. 시빌라 매스터스는 영국에서 등록한 특허 두 건에 본인 이름을 올린 몇 안 되는 여성 발명가들 중 한 사람이었어요.

이제 '특전'을 한번 살펴볼까요? 특전은 스페인 출신 여성 발명가들을 발견했을 때 알게 된 용어예요. 다행히 스페인 출신 여성 발명가들을 조사하는 과정은 그리 힘들지 않았어요. 그들에 대한 문서가 많이 남아 있었고, 스페인 특허·상표 사무소는 흔쾌히 관련 자료를 제공해 주었어요. 1826년부터 1878년까지 스페인에서는 특허를 '특전'이라고 불렀고, 특허를 받으려는 여성들을 몽상가 취급했다고 해요.

엘리아 가르시-라라 카탈라가 발명한 통합기계세탁시스템이 실제로 생산, 판매되었다면 그런 오명을 씻을 수 있었을지도 모르지요. 끝없이 반복되는 가사 노동에 시달리던 그 시대 여성들이 잠시 잠깐의 자유 시간에 책을 읽거나, 공부하거나, 또는 그저 아무것도 안 하면서(이 또한 나쁘지 않은 선택이죠.) 보낼 수 있었다면 얼마나 좋았을까요? 가부장제가 지배하던 그 시대에는 엘리아의 발명을 별 볼 일 없는 아이디어라고 판단해 버렸답니다.

책이 점점 구색을 갖추어 가면서 저는 여성 발명가들이 감내해야 했던 책임감에 대해 다시 생각해 보게 되었어요. 그들 중 일부는 가정을 유지하고, 수많은 자식들을 건사하고, 옷을 짓고, 조신한 여성이 지녀야 할 태도를 길러야 했고, 매주 교회 예배에 참석해야 하는 버거운 책임이 그리 달갑지만은 않았을 거예요.

이 책에 소개된 여성 발명가들의 삶도 다르지 않았어요. 전쟁이나 끔찍한 가난에 시달리면서도 좀 더 나은 삶을 위해 노력하고, 많은 자식들을 건사해야 했거든요. 단 하루라도 아무 일 없이 지낸 날이 있었을까요? 그럼에도 그들이 발명에 쏟은 시간과 열정은 어디에서 생겨난 걸까요? 발명품을 만들어 낸다는 건 그야말로 고되고 복잡하고 힘든 과정이잖아요. 몇 년을 고스란히 그 일에만 몰두해야 하는 경우도 있었을 테고요. 그러니 여성 발명가들이야말로 진정한 슈퍼우먼이 아닐까요?

저는 몇 달 동안 바르셀로나에 있는 도서관 순회 전시회에 사용할 수 있도록 3000명이 넘는 여성 발명가들 가운데 25명을 추려 보았어요. 그런 다음 이 책을 완성하기 위해 90명 조금 넘는 인원으로 목록을 완성했어요.

이 책에 실린 발명가들에 대한 자료들은 마치 조각난 퍼즐 같았어요. 저는 여기저기 흩어진 자료들을 모아 필요한 것들만 추렸어요. 그 작업은 무척 힘들었지요.

이 책에 소개된 여성 발명가들이 저는 매우 자랑스러워요. 간혹 그들의 용감하고 강인한 면모에 감동받아 눈물을 흘리기도 했어요. 젊은 나이에 미망인이 된 마사 코스턴이 발명을 하여 자식을 키운 이야기가 대표적인 경우예요. 그런가 하면 메리 펠프스 제이컵의 삶처럼 영화 같은 이야기도 있었지요. 이탈리아의 귀족 가문 출신인 엘사 스키아파렐리는 살바도르 달리와 교류하면서 그의 작품 〈바닷가재 전화기〉에서 영감을 받아 바닷가재 드레스를 디자인하기도 했어요.

그런데 저는 여성 발명가들의 이야기를 글로 쓰기 시작하면서부터는 그들의 삶보다는 발명에 더 집중하게 되었어요. 아인슈타인이 험담에 시달리던 마리 퀴리에게 한 말이 기억나네요.

"오합지졸 같은 인간들이 당신에 대해 계속 떠들어 대면 그냥 신문을 덮어 버리세요. 파충류 같은 인간들은 그냥 저들끼리 놀도록 내버려 두세요."

정말이지 놀라운 표현력 아닌가요?

이 책을 만드는 몇 달 동안 저의 일상은 여성 발명가들의 이야기로 채워졌다 해도 과언이 아니에요. 수채화로 그린 그들의 초상화도 빼놓을 수 없지요. 발명가들에 대한 정보가 늘어 갈수록 초상화 이미지 또한 더욱 선명해졌고, 마치 그들이 내 곁에 있는 것처럼 느껴졌어요. 그들의 이상, 열정, 놀라운 아이디어들, 끝을 알 수 없는 대범함을 통해 많은 걸 배웠답니다. 그들의 발명 대부분은 여성과 어린이를 비롯한 많은 사람들의 삶을 돕기 위해 탄생한 것들이니까요.

이 책은 성에 갇혀 왕자가 구해 주기만을 기다리는 공주들의 이야기가 아니라, 꿈을 이루기 위해 끊임없이 투쟁하며 살다 간, 혹은 살고 있는 여성들의 이야기예요. 또한 다른 여성들에게 힘과 믿음을 주는 이야기예요. 그들이 했다면 여러분도 할 수 있으니까요.

산드라 우베

거트루드 벨 엘리언

Gertrude Belle Elion · 미국 · 1918~1999

생화학자이자 약리학자, 대학교수였던 거트루드 벨 엘리언은 1988년에 노벨 생리의학상을 받았다.

그는 최초의 백혈병 치료제인 육메르캅토푸린과 장기이식에 쓰이는 최초의 면역 억제제인 아자티오프린을 개발했다. 그 외에 통풍 치료제인 알로퓨리놀, 말라리아 치료제인 피리메타민, 뇌수막염 치료제인 트리메토프림, 단순 포진 치료제인 아시클로버, 암 치료제인 넬라라빈 등을 개발했다. 그는 에이즈 치료에 사용되는 최초의 약물인 아지도티미딘(AZT) 개발에도 공헌했다.

United States Patent [19]

Stickney et al.

[11] **4,005,203**

[45] **Jan. 25, 1977**

[54] **TREATMENT OF MENINGEAL LEUKEMIA WITH DIAMINO DICHLOROPHENYL PYRIMIDINE**

[75] Inventors: **Dwight R. Stickney; William S. Simmons; Charles A. Nichol; George H. Hitchings,** all of Durham; **Gertrude B. Elion,** Chapel Hill, all of N.C.

[73] Assignee: **Burroughs Wellcome Co.,** Research Triangle Park, N.C.

[22] Filed: **Feb. 12, 1975**

[21] Appl. No.: **549,454**

Related U.S. Application Data

[63] Continuation of Ser. No. 344,179, March 23, 1973, abandoned.

[52] U.S. Cl. **424/251**
[51] Int. Cl.² **A61K 31/505**
[58] Field of Search 424/251

[56] **References Cited**

OTHER PUBLICATIONS

Murphy et al–J. Clin. Invest. vol. 33 (1954) p. 1388 et seq.
Geils et al. Blood vol. 38 No. 2 (1971) pp. 131–137.

Primary Examiner—Sam Rosen
Attorney, Agent, or Firm—Donald Brown

[57] **ABSTRACT**

Method and pharmaceutical preparations for treating meningeal leukemia, CNS lymphoma and neoplasma in the brain which comprises treating an infected mammal such as a human with a dose of an effective treatment amount of a compound of Formula I

where R is a straight or branched chain lower alkyl of 1 to 4 carbon atoms, and X is a halogen atom (fluorine, chlorine, bromine or iodine) and pharmaceutically acceptable salts thereof.

Preferred compounds for treatment of the aforementioned diseases are 2,4-diamino-5-(3',4'-dichlorophenyl)-6-methylpyrimidine and 2,4-diamino-5-(3',4'-dichlorophenyl)-6-ethylpyrimidine.

⟨디아미노 디클로로페닐 피리미딘을 사용한 뇌수막 백혈병 치료법⟩

그레이스 머리 호퍼

Grace Murray Hopper · 미국 · 1906~1992

그레이스 머리 호퍼는 미국 해군 제독이자 컴퓨터 과학자이다. 그는 6세 때부터 집에 있는 시계란 시계는 모두 분해해서 다시 조립할 정도로 기계에 관심이 많았다.

그는 최초의 전기 자동 계산기 마크1을 활용한 첫 프로그래머이자 1959년에 탄생한 프로그래밍 언어 코볼의 개발자로서 컴퓨터 과학계에서 선구자로 인정받고 있다. 그레이스는 어떤 컴퓨터에서든 사용할 수 있는 보편적인 프로그래밍 언어를 개발하기 위한 노력 끝에 코볼을 만들어 냈다.

그레이스의 동료들은 그에게 '어메이징 그레이스'라는 별명을 붙였고, 미국 해군은 퇴역한 그를 기리려 이지스함(최신 종합 무기 시스템을 탑재한 함정) 중 하나에 그의 이름을 따서 붙였다.

```cobol
1    * Compile this file together with the node.cobol
2    * modules:
3    *
4    *  $ cobc - example/main.cbl lib/node-exec-*
5    *
6    * Then execute the binary file:
7    *
8    *  $ ./main
9      IDENTIFICATION DIVISION.
10     PROGRAM-ID. MAIN.
11
12     DATA DIVISION.
13       WORKING-STORAGE SECTION.
14       01 NODEJS-CODE PIC X(100) value "console.log('Hello World!')".
15
16     PROCEDURE DIVISION.
17   * Execute a short Node.js snippet
18       CALL 'EXEC_NODEJS' USING NODEJS-CODE
19
20       DISPLAY "Starting an HTTP server on port 8000".
21
22   * Convert an image into ASCII/ANSI art
23       CALL 'EXEC_NODEJS_FILE' USING "example/grace-hopper.js"
24
25       DISPLAY "Starting an HTTP server on port 8000".
26
27   * Starting an HTTP server in Node.js
28       CALL 'EXEC_NODEJS_FILE' USING "example/server.js"
29     STOP RUN.
```

〈코볼을 사용한 Hello World! 프로그램 예제〉

낸시 퍼킨스

Nancy Perkins · 미국 · 1949년 출생

대학에서 산업 디자인을 전공한 낸시 퍼킨스는 이모할머니인 안나 바그너 케이치라인(114쪽 참조)의 뒤를 이어 다양한 가전제품을 디자인하여 특허를 획득했다. 미국의 가정집에서 흔히 볼 수 있는 전기 찜솥, 주방 용품, 뷔페용 칸 분리 용기, 청소기, 회전 강판, 자동차 배터리, 벽걸이형 보관함 등 수많은 발명품이 그의 손에서 탄생했다.

그는 자신의 이름을 딴 퍼킨스 디자인 회사(Perkins Design Ltd.)를 설립하여 이모할머니가 1903년에 디자인하여 큰 인기를 끌었던 포커 테이블을 생산하여 판매하기도 했다.

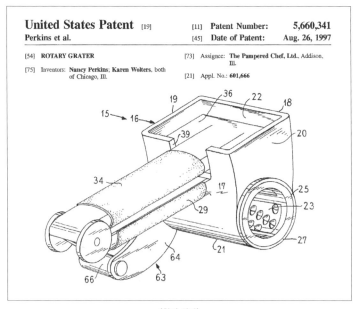

〈회전 강판〉

라우라 J. 판트 페이르

Laura J. van't Veer · 네덜란드 · 1957년 출생

라우라 J. 판트 페이르는 생물학자이자 병리학자이며 분자유전학자이다. 그는 네덜란드 국립암연구소에 근무하면서 유전자 분석 유방암 진단법인 '맘마프린트'(MammaPrint)를 개발하였다. 초기 유방암 환자의 종양 표본과 유방암 재발 유전자를 분석해 만든 것이다. 맘마프린트 검사 결과, 저위험군으로 판명되면 5~10년 이내 재발이나 전이 가능성이 낮기 때문에 항암 화학 치료를 받지 않아도 된다.

라우라는 아젠디아(Agendia) 회사를 설립하여 맘마프린트를 판매해 큰 수익을 거두고 있다. 더불어 그의 발명품 덕분에 수많은 여성들은 고통스런 항암 화학 치료에서 해방되었다.

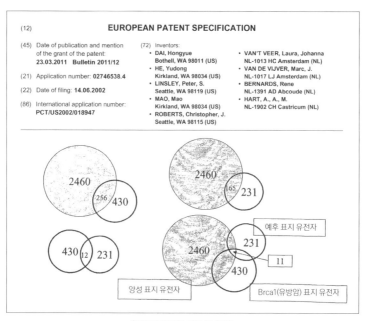

〈유방암 환자의 진단 및 예후〉

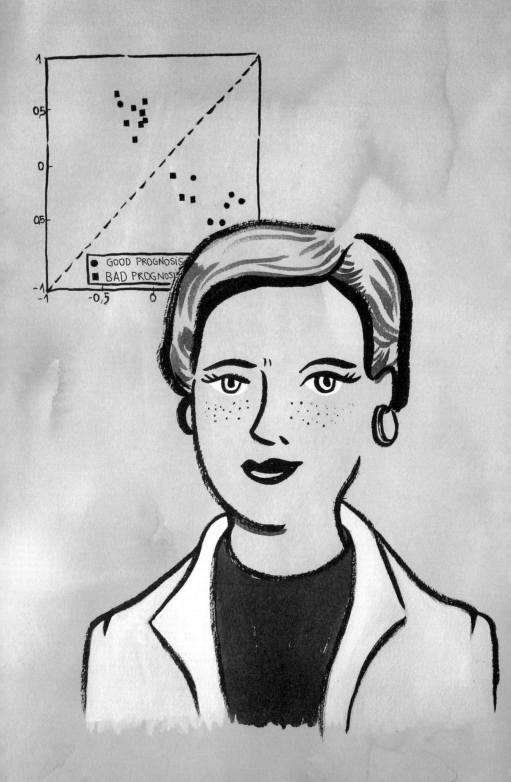

래디아 펄먼

Radia Perlman · 미국 · 1951년 출생

소프트웨어 설계자이자 네트워크 엔지니어인 래디아 펄먼은 '인터넷의 어머니'라고 불리지만 정작 본인은 그렇게 불리기를 원하지 않는다.

컴퓨터 공학자 집안에서 태어난 래디아는 야무진 성격이지만 한편으로는 감수성이 예민하여 피아노 치기와 시 창작을 즐기는 학생이었다.

그는 데이터 링크 계층에 있는 여러 개의 네트워크 세그먼트를 연결하기 위해 신장 트리 프로토콜(STP)을 설계하였으며, 「알고리즘」이라는 시를 지어 신장 트리 프로토콜에 대한 정의를 내렸다.

그는 컴퓨터 공학 분야에서 수십 건의 특허를 등록했다.

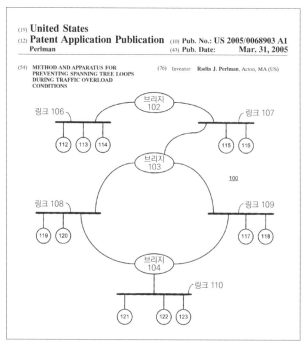

〈네트워크 과부하 상태에서 신장 트리 루프를 막는 방법 및 장치〉

알고리즘 나는 결코 볼 수 없을 거야. 나무보다 더 사랑스러운 그래프를. 그 그래프는 루프 없이 연결되지. 나무처럼 뻗어서 패킷을 모든 랜에 보내지. 아이디로 선출된 루트는 최소 비용 경로로 움직이지. 나무에는 이 길들이 놓이고 나 같은 사람들이 메시 네트워크를 만들지. 그러면 브리지들은 신장 트리를 찾아 움직인다네.

래비니어 H. 포이

Lavinia H. Foy · 미국 · 1814~1906

'마담 포이'로 더 잘 알려진 래비니어 H. 포이는 코르셋 디자인 사업으로 성공했다.

그가 활동했던 당시 코네티컷주는 유행의 중심지이자 속옷과 코르셋의 왕국이었다. 또한 1870년대 코네티컷주 최대 도시인 브리지포트에서는 재봉틀 제조가 성행했다. 덕분에 일자리가 많이 생겼으며 육상과 해상을 통한 교신이 활발하여 원단 공급도 문제가 없었다.

래비니어가 설계하여 특허를 받은 코르셋 디자인은 수십 건에 달한다. 그 밖에도 심을 넣은 불룩한 스커트, 의상에 덧대는 장신구 등도 개발했다.

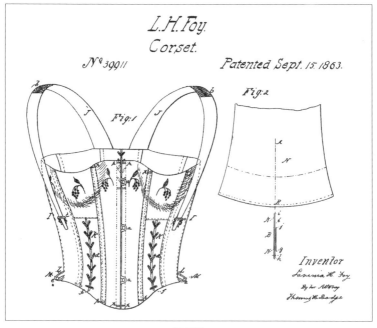

〈코르셋〉

랜디 알트슐

Randice-Lisa Altschul · 미국 · 1960년 출생

랜디 알트슐은 인형의 집, 비디오 게임기, 어린이만 한 인형 등을 만든 장난감 개발자이다. 1985년, 그는 최초로 일회용 휴대 전화기를 발명하여 26세에 백만장자가 되었다.

이 일회용 휴대 전화기는 할당된 시간 동안만 사용할 수 있으며, 사용 후 반환하면 일정 금액을 돌려받을 수 있었다. 위급한 경우나 장기간 전화기가 필요 없는 여행객이 사용하기에 매우 실용적이다. 또한 재활용 재료로 만들어 가격도 저렴하였기에 어린이들이 사용하기에도 부담 없다.

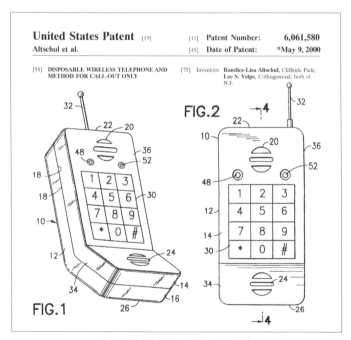

〈발신 전용 일회용 무선 전화기 및 그 방법〉

레이철 짐머만

Rachel Zimmerman · 캐나다 · 1972년 출생

'백 번 듣는 것이 한 번 보는 것만 못하다'라는 말이 있다. 레이철 짐머만은 12세 때 블리스 상징 프린터를 발명하여 그 말을 몸소 증명했다.

블리스 상징 프린터는 뇌성마비 등의 장애가 있는 이들이 의사소통을 위해 사용하는 프린터이다. 다양한 상징으로 가득한 자판을 조합하여 개념을 구성하면 그것이 문자로 바뀌어 사용자가 전하고자 하는 의미를 전달한다.

우주 과학자인 그는 현재 미국항공우주국(NASA)에서 일하고 있다. 장애인들을 위하여 새로운 우주 항공 제도를 도입한 바 있으며, 토성 무인 탐사선인 카시니-하위헌스호 작업에 참여했다.

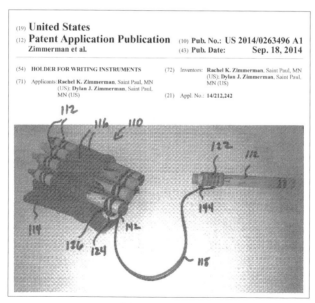

〈필기 도구용 케이스〉

로절린드 프랭클린

Rosalind Franklin · 영국 · 1920~1958

생물물리학자이자 결정학자인 로절린드 프랭클린은 1952년에 엑스선 결정학을 통해 DNA 구조를 밝혀내는 데 성공했다. DNA 구조의 발견으로 유전 정보가 어떻게 부모로부터 자녀에게 전달되는지 이해할 수 있게 되었다. 이 연구는 20세기 의학계에서 가장 중요한 발견으로 평가받는다. 그는 DNA뿐만 아니라 RNA 바이러스, 석탄과 흑연 분자의 구조 등 수많은 연구를 수행했다.

그러나 로절린드는 이 모든 영예를 누리지 못하고 37세의 젊은 나이에 생을 마감했다. 당시 과학계는 남녀 차별이 심했으며, 함께 DNA를 연구했던 동료 과학자들 역시 로절린드를 못마땅하게 생각했었다.

1962년 로절린드가 촬영한 DNA의 엑스선 사진 덕분에 왓슨, 크릭, 윌킨스는 노벨 생리의학상을 받았다.

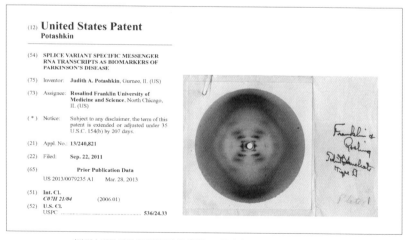

〈파킨슨병의 바이오마커로서 전사하는 스플라이스 변이체 특이적 mRNA〉

루스 핸들러

Ruth Handler · 미국 · 1916~2002

　루스 핸들러는 남편과 함께 마텔(Mattel)사를 설립하고 1959년 첫 바비 인형을 출시했다. '바비'라는 이름은 그의 딸 '바바라'에서 딴 것이다. 루스는 딸이 좋아할 만한 인형이 무얼까 고민하다가 실제 사람과 비슷하고 유행하는 스타일의 옷으로 갈아입힐 수 있는 바비 인형을 디자인했다.

　바비가 큰 인기를 끌 것으로 예상한 루스는 곧바로 상표 등록과 함께 제품을 특허 등록했다.

　루스가 짐작한 대로 바비 인형은 시장에 소개되자마자 불티나게 팔리며 큰 사랑을 받았다. 이후 바비 인형은 인형의 집 등 다양한 소품 상품부터 항공기 승무원, 의사, 카레이서 등 여성의 다양한 직업군을 묘사하며 단순한 장난감을 뛰어넘어 변화된 여성상을 보여 주었다.

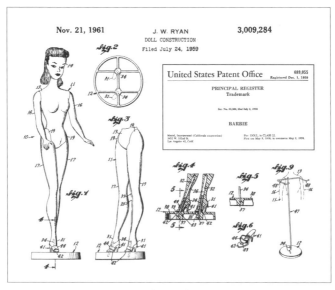

〈인형 구성〉

루이사 토르시

Luisa Torsi · 이탈리아 · 1964년 출생

    물리학, 화학 박사인 루이사 토르시는 새로운 질병 분석 기구로 생체 전기 센서를 발명했다. 이 기구는 사람의 침을 이용하기 때문에 비외과적이며, 일회용이므로 위생적이고 비용까지 저렴했다.

    이 기구는 외형적으로 임신 테스트기와 매우 유사하다. 기구에 포함되어 있는 끈을 통해 자료를 재빠르게 분석해 내어 매우 낮은 농도의 생물 지표만으로도 진단이 가능했다.

    이 기구가 나왔을 당시 이러한 형태의 분석 기구는 영화나 공상 과학 소설에서나 볼 수 있었기 때문에 인류의 미래를 앞당겼다는 평가를 받았다.

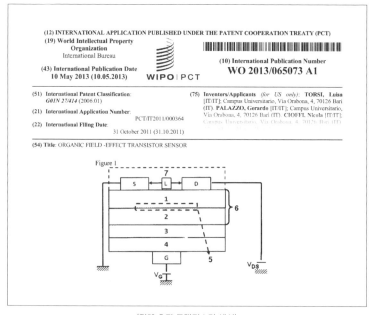

〈전계 효과 트랜지스터 센서〉

루제나 바이츠시

Ružena Bajcsy · 슬로바키아 · 1933년 출생

루제나 바이츠시는 고국에서 전자공학을 공부했으며 미국 스탠퍼드대학교에서 인공지능으로 박사 학위를 받고, 캘리포니아대학교 버클리캠퍼스에서 교수로 활동하고 있다.

루제나는 환경적인 자극에 반응하는 로봇을 발명했다. 현재 바이오시스템과 전산생물학(컴퓨터를 이용하여 생물학적인 문제를 해결하는 생물학의 한 분야) 분야 연구에 집중하고 있으며, 인간과 컴퓨터의 반응과 컴퓨터 비전(인간 눈의 기능과 동일한 형태를 컴퓨터에 행하게 하는 기술)에 관한 연구를 진행 중이다.

루제나는 이 연구로 세계적으로 인정을 받고 있으며, 로봇공학이 단순히 기계적인 것이 아니라 인지와 소통에 관한 학문임을 증명하고 있다.

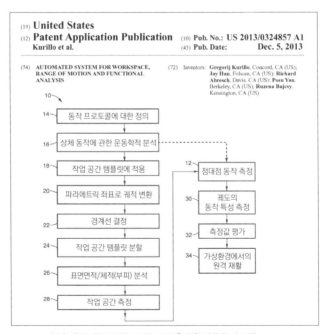

〈작업 공간, 동작 범위 및 기능 분석을 위한 자동화 시스템〉

리지 매기

Lizzie Magie · 미국 · 1866~1948

작가이자 기자, 공학자였던 리지 매기는 '지주 게임'(The landlord's game)을 개발하여 1904년에 특허를 받았다. 이 게임은 보드게임 '모노폴리'의 원조라 할 수 있다. '독점'이라는 뜻을 가진 모노폴리는 땅을 사들여 건물을 짓고, 임대료를 받아 상대편을 파산시키면 이기는 게임이다.

그러나 리지가 개발한 지주 게임은 누구도 파산하지 않는다. 그는 미국의 경제학자 헨리 조지의 경제 사상을 널리 알리고자 지주 게임을 만들었다. 헨리 조지는, 개인은 자신의 노동으로 만들어 낸 결과물만을 소유할 수 있으며, 토지와 같이 자연에 의해 주어지는 것은 사적으로 소유할 수 없다고 주장했다.

리지는 이외에도 27세 때 개량 타자기를 발명했으며, 1923년에는 지주 게임의 새로운 버전을 개발하여 특허를 획득했다.

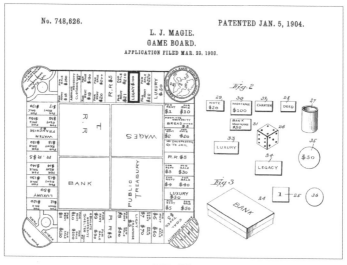

〈지주 게임〉

마거릿 E. 나이트

Margaret E. Knight · 미국 · 1838~1914

마거릿 E. 나이트는 정규 교육을 받은 적은 없지만 어릴 때부터 명석하기로 유명했다. 그가 개발한 기계만 해도 백 개가 넘는데, 그중에는 바닥이 평평한 종이 가방을 만드는 기계도 있다.

종이 가방 공장에서 일할 당시 마거릿은 종이 가방 바닥을 평평하게 만들면 더 실용적이겠다는 생각을 하고, 기계를 개발했다. 그런데 공장에서 함께 일하던 직원 한 명이 마거릿의 아이디어를 훔쳐 본인 이름으로 특허를 내는 불행한 사건이 벌어졌다. 이에 마거릿은 그 직원을 상대로 소송해 승소했다.

특허를 되찾은 마거릿은 이스턴 페이퍼백(Eastern Paper Bag Co.) 회사를 차려 발명품에 대한 로열티를 벌어들였다. 이후 새로운 아이디어를 거듭하여 일생 동안 80여 건의 특허를 등록했다. 그중에는 로터리 엔진(회전형 내연기관)과 내연 기관 엔진, 넘버링머신 등이 있다.

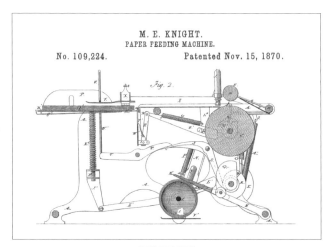

〈종이 급지 장치〉

마거릿 윌콕스

Margaret Wilcox · 미국 · 1838~?

추위를 피하는 것, 그것은 마거릿 윌콕스에게 지상 과제였다. 그는 1893년에 최초로 차량용 난방기에 대한 특허를 받았다. 자동차가 생산되던 초기에는 차량에 난방기가 없어 운전자들이 추위에 떨어야만 했다.

마거릿이 개발한 차량용 난방기의 설계는 단순했다. 엔진이 설치되어 있는 부분이 자동차 실내와 연결되도록 개방한 것이다. 온도의 높낮이를 조절할 수 없다는 단점이 있었지만 그 문제는 이후에 개선되었다.

그 밖에도 마거릿은 오븐용 팬, 가정용 난로, 온수를 이용한 가정용 난방 시스템 등을 발명했다.

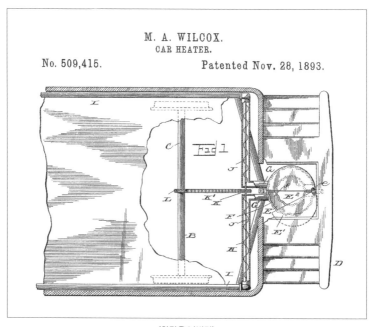

〈차량용 난방기〉

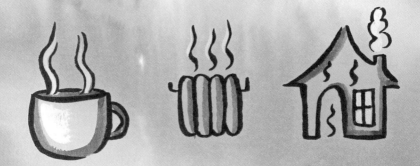

마르가리타 살라스

Margarita Salas · 스페인 · 1938~2019

마르가리타 살라스는 세계 유수의 과학상을 여러 차례 수상한 바 있는 생화학자이다. 노벨 생리의학상을 수상한 생화학자 세베로 오초아의 제자이기도 한 그는 고초균 박테리아에 세균을 감염시키는 박테리아인 파이 29를 감염시켜 파지 Φ29 DNA 중합효소를 개발하여 특허를 획득했다. 이 발명 덕분에 아주 적은 양으로 DNA를 증폭할 수 있게 되었다.

마르가리타의 연구 업적 덕분에 그가 근무한 스페인 국립연구위원회 (CSIC)는 400만 유로가 넘는 엄청난 수익을 거두었다. 기초 과학 연구는 돈벌이가 되지 않는다는 부정적인 시선에 회심의 한 방을 날린 셈이다.

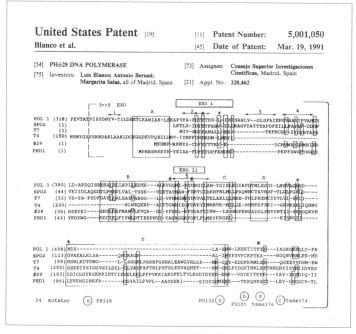

〈PHΦ29 DNA 중합효소〉

마르틴 켐프

Martine Kempf · 프랑스 · 1951년 출생

컴퓨터 과학자인 마르틴 켐프는 1985년에 이미 사람과 대화하는 기계를 발명했다. 카탈라보(Katalavox)라는 이름의 이 발명품은 단지증(손가락이나 발가락이 병적으로 짧은 증상) 장애인들을 위한 음성 인식 장치이다.

카탈라보가 장착된 휠체어는 사용자가 목소리로 휠체어의 움직임을 제어할 수 있다. 카탈라보 시스템은 현미경을 이용해야 하는 미세 구조 수술이나 자동차, 컴퓨터 등에도 활용된다.

마르틴의 발명은 여기서 그치지 않고, 손을 사용할 수 없는 운전자들을 위해 발로 운전할 수 있는 장치와 다른 많은 자동차 관련 전기 장치를 발명했다.

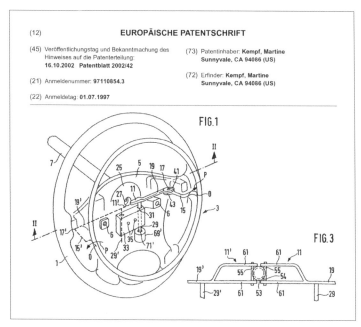

〈차량 엔진 스로틀의 수동 작동 메커니즘〉

마리 밴 브리튼 브라운

Marie Van Brittan Brown · 미국 · 1922~1999

마리 밴 브리튼 브라운은 1966년에 최초의 통합 감시 카메라 시스템을 개발했다. 텔레비전 폐쇄 회로를 네 개의 작은 구멍에 연결해 현관문에 설치한 후 카메라 한 대를 위아래로 조정하여 나머지 카메라들을 관찰할 수 있게 설계한 것이다.

어떤 움직임이든 카메라에 포착되면 바로 모니터에 나타났다. 더 놀라운 것은 카메라를 원격 조정할 수 있다는 것이다. 방 안 침대에 누워서 문 밖에 누가 있는지, 누가 내 집 문을 열려고 하는지 확인할 수 있다니! 이 놀라운 발명품은 많은 회사들의 보안 장비로 채택되었다.

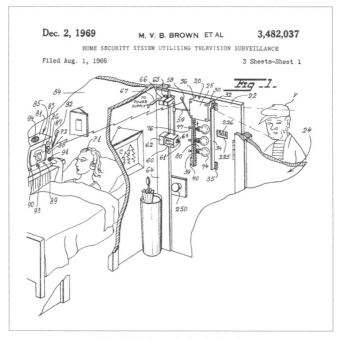

〈텔레비전을 이용한 가정용 보안 시스템〉

마리 퀴리

Marie Curie · 폴란드 1867년 ~ 프랑스 1934년

마리 퀴리는 물리학자이자 화학자였다. 그는 여성 최초의 노벨상 수상자로, 세계에서 유일하게 물리학상(1903년)과 화학상(1911년) 두 분야의 상을 모두 받았다. 물리학상은 남편인 피에르 퀴리, 지도 교수인 앙리 베크렐과 공동 수상했다. 그가 여성 최초라는 기록을 남긴 것은 이뿐만이 아니다. 교수로 재직했던 파리 소르본대학에서도 최초의 여성 교수로 역사에 남았다.

마리 퀴리는 남편과 함께한 연구에서 라듐과 폴로늄을 발견했다. 폴로늄은 그의 조국인 폴란드를 기리고자 붙인 원소명이다. 방사선 연구의 선구자이자 '방사능'이라는 용어를 처음으로 사용한 과학자 마리 퀴리는 연구에 몰두하느라 방사선에 많이 노출되어 1934년에 백혈병으로 사망했다.

마리 퀴리의 딸, 이렌 졸리오 퀴리는 어머니가 사망한 다음 해인 1935년에 인공 방사능을 발견하여 노벨 화학상을 받았다.

마리 퀴리의 인생철학은 그가 남긴 격언에 그대로 담겨 있다.

'두려워할 건 아무것도 없다. 그저 삶을 이해하기만 하면 된다.'

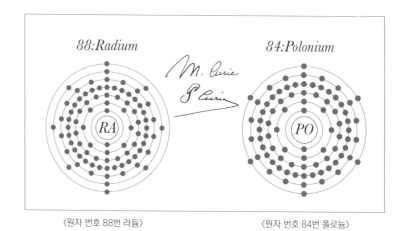

〈원자 번호 88번 라듐〉　　〈원자 번호 84번 폴로늄〉

마리아 E. 비즐리

Maria E. Beasley · 미국 · 1847~1904

독학으로 기계공학을 공부한 마리아 E. 비즐리는 여러 건의 특허가 있는
발명가이다. 그는 제빵기, 토스터, 발 보온기, 증기 발생기, 열차 탈선 방지
장치 등을 발명했다.

그를 부자로 만들어 준 발명은 와인 저장 용기 제조기였지만, 유명세를 안
겨 준 발명은 1880년에 설계한 구명보트였다. 이 구명보트는 불에 잘 타지
않으며 조작하기 쉬워 타이태닉호 침몰 당시 수많은 인명을 구한 바 있다.

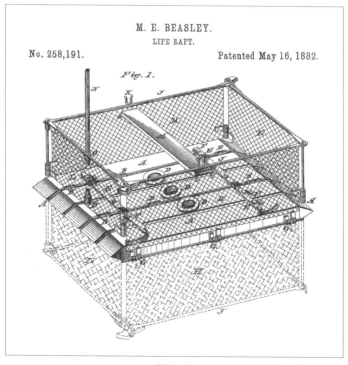

〈구명보트〉

마리아 델 카르멘 오르티스 데 아르세

María del Carmen Ortiz de Arce · ? ~ 1932

마리아 델 카르멘 오르티스 데 아르세는 시각 장애 아동들을 위한 학교를 설립하여 아이들을 가르쳤다. 그는 시각 장애인과 비장애인 간의 소통을 돕기 위해 '읽기와 쓰기 수녀님' 장치를 개발하여 1909년에 특허를 받았다.

인테르(활자 조판에서 글자 사이에 간격을 두기 위하여 끼우는 물건)와 송곳같이 생긴 각인기로 구성된 이 장치는 점자로 전하고자 하는 바를 표현할 수 있었다. 시각 장애인들은 이를 이용하여 얼마든지 다른 장애인들이나 일반인들과 소통할 수 있게 된 것이다. 마리아는 스페인 바르셀로나에 점자를 도입한 선구자였다.

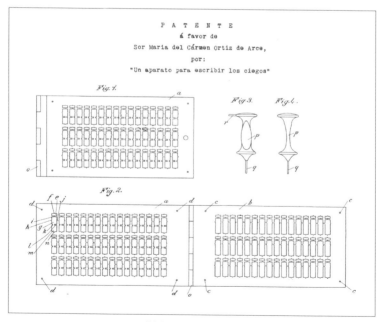

〈읽기와 쓰기 수녀님 장치〉

마리아 몬테소리

Maria Montessori · 이탈리아 1870년~네덜란드 1952년

마리아 몬테소리는 1896년에 약학 박사 학위를 받았다. 당시 이탈리아에서 여성으로는 최초로 이룬 쾌거였다. 마리아는 약학 외에도 철학과 인류학, 교육학도 공부했다.

그가 발명한 교육법은 세계적으로 유명한 몬테소리 교육법이다. 쉽게 설명하면 놀면서 배우는 교육법이다. 새롭고 독창적인 교육 놀잇감을 학습에 활용하면 읽기와 쓰기, 어려운 수학도 재미있는 놀이가 되었다.

이 새로운 교육법에 매료되어 전화기 발명가로 유명한 그레이엄 벨은 1912년에 마리아 몬테소리를 미국으로 초청했다. 그리고 함께 몬테소리 교육법을 원칙으로 하는 학교를 여럿 설립했다.

마리아는 교육에 대한 수많은 아이디어를 특허 등록했으며 그중 대부분은 지금까지도 교육 현장에서 활용되고 있다.

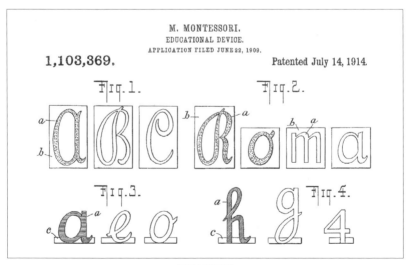

〈몬테소리 교구〉

마사 코스턴

Martha Coston · 미국 · 1826~1904

마사 코스턴은 14세의 어린 나이에 19세의 벤자민 프랭클린 코스턴과 사랑에 빠졌다. 당시 벤자민은 촉망받는 발명가였다. 두 사람은 결혼 후 함께 여러 가지 발명품을 개발했다. 야간에 선박들이 의사소통할 때 사용하는 도구인 신호탄도 그들의 발명품이다.

남편 벤자민은 26세의 젊은 나이에 사망했다. 마사는 자녀 넷을 데리고 어머니가 계신 필라델피아로 이주했다. 그러나 몇 달 지나지 않아 어머니와 아들 둘도 세상을 떠났다.

'필요는 발명의 어머니'라고 했던가? 마사는 남편이 죽기 몇 해 전에 함께 연구하던 세 가지 색깔의 조명탄을 마침내 완성했다. 마사의 발명품은 그 자신뿐만 아니라 많은 이들의 생명을 위험에서 구해 냈다.

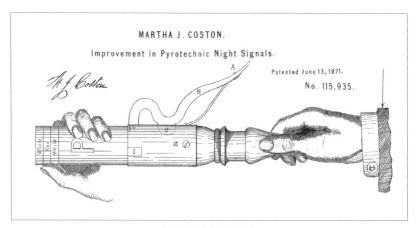

〈야간용 불꽃 신호의 개선〉

매리언 도노반

Marion Donovan · 미국 · 1917~1998

매리언 도노반은 발명가 집안 출신으로, 그 역시 어린 시절부터 새로운 아이디어를 생각해 내거나 만들기를 좋아했다. 매리언의 발명품 중에는 다용도로 활용할 수 있는 전화번호 수첩, 치실 등이 있다.

1946년, 당시 육아 중이었던 매리언은 기저귀로 인해 침대 커버까지 젖어 세탁하는 게 너무 힘들었다. 그래서 물이 스미지 않는 천에 물을 흡수하는 천을 덧대어 최초의 방수 기저귀를 디자인했다.

매리언은 다른 수많은 소재들을 테스트한 뒤 그중 가장 효과적인 소재로 기저귀를 제작하여 1949년에 특허를 받았다. 이 기저귀는 오늘날 널리 사용되는 일회용 기저귀의 시초가 되었다.

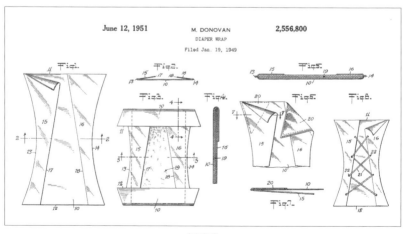

〈기저귀〉

메리 P. 카펜터

Mary P. Carpenter · 미국 · 1840~1900

　메리 P. 카펜터는 생산품의 설계 내용을 규격에 맞추어 도면에 그리는 제도 전문가였다. 그는 또한 실용적인 가정 용품에 대한 특허를 여러 개 획득한 발명가였다.

　여성이 가사 노동을 전담하던 시절, 그는 집안일의 수고를 덜어 줄 장비들을 개발하는 데 열중했다. 그의 발명품 중에는 주름 모양을 잡아 주는 다리미, 모기장, 모기 잡는 장치, 조리용 뒤집개, 자수틀 등이 있다. 지금도 사용되고 있는 빗 모양 머리핀도 그의 발명품이었으니 그는 정말 참신한 아이디어의 소유자였다.

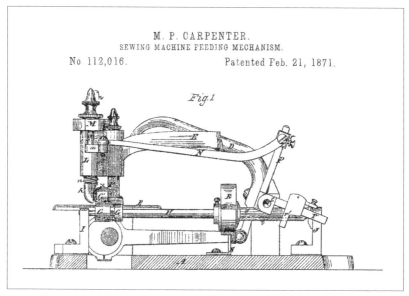

〈재봉틀 이송 장치〉

메리 앤더슨

Mary Anderson · 미국 · 1866~1953

    부동산 중개인이자 포도 농장 주인이었던 메리 앤더슨은 어느 비 오는 날 운전자들이 앞이 안 보여 고생하는 모습을 보고 와이퍼를 발명했다. 지금은 상상도 할 수 없는 모습이지만 와이퍼가 발명되지 않았던 당시에는 비가 오는 날이면 운전자들이 운전하다 말고 차에서 내려 유리창을 닦는 일이 흔했다.

    메리는 이런 불편함을 해결하기 위해 머리를 싸매고 발명에 전념했다. 그리고 드디어 1903년에 앞 유리 위쪽에 장착하는 와이퍼를 발명하여 특허를 받았다. 그러나 당시에는 이 발명품에 관심을 갖는 자동차 회사가 없었고, 1915년이 되어서야 포드 자동차에서 설치하면서 미국에서 운행되는 모든 차량에 이 발명품이 장착되었다.

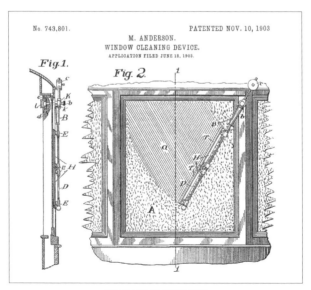

〈자동차 창문 유리 닦기 장치〉

메리 엥글 페닝턴

Mary Engle Pennington · 미국 · 1872~1952

'얼음 여인'이라는 별명으로 더 유명한 메리 엥글 페닝턴은 화학자이자 냉각 장치를 연구하는 공학자였다.

그는 식품 보관법과 얼음 유통 시스템을 개선하고, 부패하기 쉬운 제품을 신선하게 보관하는 용기를 개발하는 데 헌신했다.

이뿐 아니라 식재료로 인기가 많은 닭의 가공에 관한 규정을 제정하는 데 일조했다. 그 외에도 닭고기를 신선하게 보관할 수 있는 냉장 진열대, 달걀 품질 검사기 등으로 명성을 얻었다.

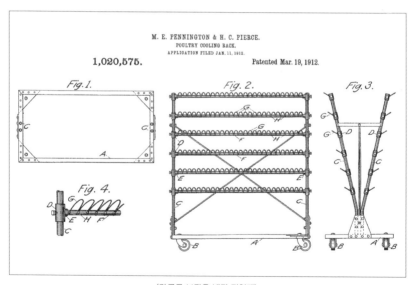

〈가금류 보관용 냉장 진열대〉

메리 월턴

Mary Walton · 미국 · 1827~?

산업혁명으로 기술 혁신이 이뤄졌지만, 그 대가로 환경 오염이 증가했다. 환경 공학자였던 메리 월턴은 공장과 기관차가 뿜어내는 유해 가스를 줄일 수 있는 시스템을 개발했다.

1880년대, 미국의 대도시들은 고가 철도가 일으키는 소음과 진동으로 몸살을 앓았다. 당시 뉴욕 맨해튼에서 살았던 메리는 소음 공해를 참다못해 소음을 줄일 수 있는 방법을 생각해 냈다.

나무 상자에 모래를 채우고 겉을 천으로 감싼 후 철로를 덮어 소음을 줄이는 것이다. 메리의 발명품은 철로의 진동을 흡수하여 소음을 감소시켰다. 훗날 메리는 발명에 대한 특허권을 뉴욕철도공사에 매도했다.

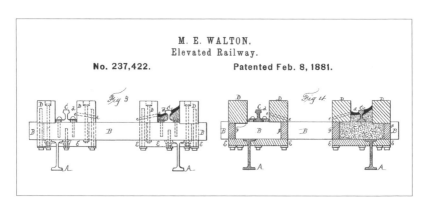

〈고가 철도 소음 흡수 장치〉

메리 펠프스 제이컵

Mary Phelps Jacob · 미국 1891년 ~ 이탈리아 1970년

1913년의 어느 날, 파티에 초대되어 즐거운 시간을 보내던 메리 펠프스 제이컵은 드레스 안에 입은 코르셋 위로 가슴이 노출된다는 사실을 깨달았다. 집으로 돌아온 메리는 비단 스카프 두 장을 엇갈리게 묶은 다음 끈으로 고정하여 상체에 둘러 보았다. 역사상 최초의 브래지어가 만들어지는 순간이었다.

일 년 뒤 메리는 브래지어에 대한 특허를 받았다. 이후 결혼하여 카레스 크로스비로 이름을 바꾸고, 블랙 선 프레스(Black Sun Press) 출판사의 공동 창업자가 되었다. 그는 어니스트 헤밍웨이와 스콧 피츠제럴드로 대표되는 미국 문학의 '잃어버린 세대'(제1차 세계대전 후에 기존의 세계에 환멸을 느낀 미국의 지식 계급과 예술파 청년 세대를 이르는 말)의 대모가 되었다. 그는 다양한 방면에서 두루 활동하며 영화 같은 삶을 살았다.

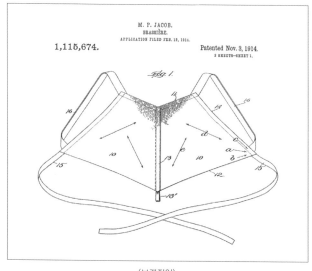

〈브래지어〉

메리 포츠

Mary Potts · 미국 · 1852~?

1871년, 당시 19세에 불과했던 메리 포츠는 현대식 다리미를 발명했다. 이전의 다리미는 손잡이가 쇠로 되어 다림질을 하다 보면 열전도로 인해 화상을 입거나 물집이 잡히기 일쑤였다.

메리는 이에 불편함을 느껴 전기나 열이 통하지 않는 나무 손잡이를 개발했다. 열기가 다리미 본체에는 유지되지만 손잡이에는 전달되지 않도록 설계한 것이다. 그리고 옷의 어느 부분이든 쉽게 다림질할 수 있도록 다리미의 양쪽 끝을 뾰족한 타원형으로 만들었다.

그가 개발한 모든 발명은 본인 이름으로 특허 등록되었다.

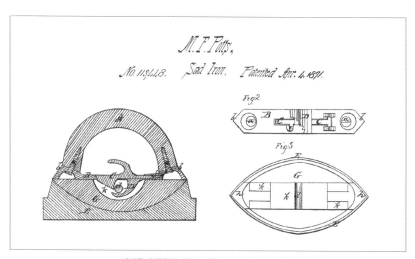

〈나무 손잡이가 달리고 양 끝이 뾰족한 다리미〉

메이 제미선

Mae Jemison · 미국 · 1956년 출생

의학을 전공한 메이 제미선은 공학자 겸 우주 비행사이며 과학, 공학, 문학, 인류학 분야에서 명예 박사 학위를 9개나 받았다. 그는 평화 봉사단의 일원으로서 라이베리아와 시에라리온에서 활동하기도 했다.

그는 1992년에 인데버 우주 왕복선(STS-47)에 탑승하여 최초의 미국 흑인 여성 우주인이 되어 이름을 널리 알렸다. STS-47의 임무는 '골세포 연구와 무중력이 우주인의 멀미 증상에 미치는 영향'에 대한 연구였다.

이후 메이는 미국항공우주국(NASA)을 나온 뒤 본인의 이름을 딴 회사 '제미선 그룹'을 설립하여 일상생활과 관련된 과학 기술을 개발하여 상업화했다. 1999년에는 바이오센티언트(BioSentient)라는 회사를 만들어 AFTE(Autogenic Feedback Training Exercise)에 대한 특허를 획득했다. AFTE는 피실험자가 스트레스나 불안 등 다양한 외부 자극에 자신의 심리 및 생리적인 반응을 스스로 통제할 수 있도록 개발된 훈련 프로그램이다.

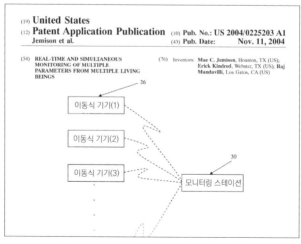

〈여러 생명체로부터 나오는 다중 변수의 실시간 모니터링〉

미리엄 벤저민

Miriam Benjamin · 미국 · 1861~1947

    병원 침대에 누워 간호사를 호출하거나, 비행기가 이륙한 뒤 자리에 앉은 채로 버튼을 눌러 승무원을 부르는 일은 이제 그리 특별한 일이 아니다. 그러나 미리엄 벤저민이 불빛이 들어오는 벨이 달린 의자를 발명했던 당시에는 혁명에 가까운 일이었다.

    처음에 미리엄은 호텔을 염두에 두고 이 발명품을 개발했다. 그때까지만 해도 종업원을 부르려면 손바닥을 마주쳐 소리를 내거나 목소리를 높여 불러야만 했었다. 그런데 미리엄의 발명품을 설치하면, 종업원은 벨 소리를 듣고 불빛이 반짝이는 의자를 찾기만 하면 된다. 이후 미리엄의 발명품은 미국 의회, 항공사, 병원 등 많은 곳에서 사용되었다.

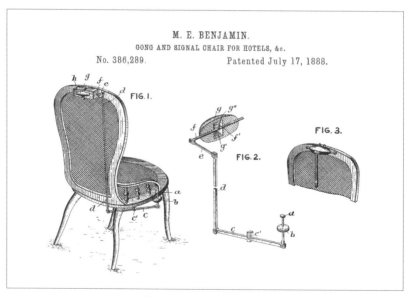

〈소리와 불빛을 내는 호텔용 의자〉

바버라 리스코프

Barbara Liskov · 미국 · 1939년 출생

컴퓨터 공학자이자 수학자인 바버라 리스코프는 컴퓨터 프로그래밍 언어 클루(CLU)와 아르고스(Argus), 토르(Thor)의 개발자로 유명하다.

바버라는 지넷 윙과 함께 '리스코프 치환 원칙'을 개발했다. 또한 여러 권의 책을 집필했으며, 컴퓨터 프로그래밍 언어 개발과 프로그래밍 방법론, 그리고 분산 시스템 연구에 공헌한 바를 인정받아 '폰노이만상'을 받았다.

바버라가 받은 수십 개의 특허 중에는 그 유명한 원격 고객 식별 시스템과 DNS 서버의 IP 주소에 대한 특허가 있다.

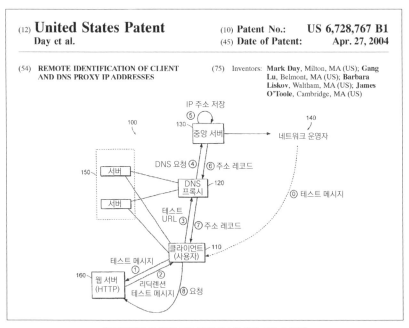

〈클라이언트 및 DNS 프록시 IP 주소의 원격 식별 시스템〉

LISKOV

CLU·THOR·ARGUS

바버라 애스킨스

Barbara Askins · 미국 · 1939년 출생

바버라 애스킨스는 대학에서 화학을 전공했고, 미국항공우주국(NASA)의 마셜우주비행센터에서 근무했다.

그는 1978년에 사진의 음화(명암을 실재와 정반대로 표현하는 사진 기법)를 방사선 처리하고, 제2의 유화액을 써서 사진을 현상하는 방법을 개발했다. 바버라가 개발한 방법으로 사진을 현상하면 이미지가 훨씬 더 선명하고 밝게 나왔다.

미국항공우주국(NASA)은 행성의 지질을 연구하는 데 이 기술을 사용하여 그전까지 발견하지 못했던 많은 정보들을 얻을 수 있었다. 바버라가 개발한 기술은 의료 분야까지 사용되어 엑스선 촬영 사진의 품질 개선에 이바지했으며 오래된 사진을 복원하는 데도 유용하게 이용되고 있다.

United States Patent [19]

Askins

[11] **4,101,780**

[45] **Jul. 18, 1978**

[54] **METHOD OF OBTAINING INTENSIFIED IMAGE FROM DEVELOPED PHOTOGRAPHIC FILMS AND PLATES**

[75] Inventor: **Barbara S. Askins, Huntsville, Ala.**

[73] Assignee: **The United States of America as represented by the Administrator of the National Aeronautics and Space Administration, Washington, D.C.**

[21] Appl. No.: **694,406**

[22] Filed: **Jun. 9, 1976**

[51] Int. Cl.^{2} G03C 5/16; G03C 1/04; G03C 5/32; C09K 3/00

[52] U.S. Cl. .... 250/475; 96/27 R; 96/60 R; 252/301.1 R; 252/301.16

[58] Field of Search .... 96/94 R, 45.1, 60 R, 96/27 R, 45.2, 58; 252/301 R; 250/321, 476, 433, 492, 475

Table I

Density Readings of Step Sensitometry Negatives

	Original Negative	Autoradiograph (4 hr. exposure)	Autoradiograph (17.6 hr. exposure)
Gross Fog	0.11	0.20	0.21
Step No. 1	0.24	0.40	0.75
2	0.33	1.00	2.16
3	0.45	1.56	3.12
4	0.59	2.03	3.74
5	0.73	2.39	4.19
6	0.86	2.67	4.57
7	0.99	2.93	4.90
8	1.13	3.10	5.12
9	1.26	3.21	5.38
10	1.40	3.33	5.63
11	1.51	3.46	5.80
12	1.63	3.50	5.88
13	1.73	3.52	5.87
14	1.83	3.56	5.86
15	1.93	3.61	5.90
16	2.03	3.65	5.94
17	2.13	3.65	5.95
18	2.22	3.65	5.97
19	2.29	3.68	6.01
20	2.36	3.71	6.04
21	2.46	3.80	6.12

〈더 선명한 사진 이미지를 얻는 방법〉

밸러리 토마스

Valerie Thomas · 미국 · 1943~2009

밸러리 토마스는 물리학을 공부해서 미국항공우주국(NASA)에서 분석가로 일했다. 그곳에서 그는 실시간 정보 데이터 시스템을 개발했으며 다양한 프로젝트, 설비, 작전들을 관리하고 대규모 실험을 감행했다.

밸러리는 지구 관측을 위해 발사된 최초의 원격 탐사 위성 랜드샛 개발을 이끌었다. 랜드샛은 이후 우주에서 지구 이미지를 촬영해서 보냈다.

또한 그는 오목 거울을 이용하여 3차원의 착시 이미지를 만들어 내는 일루전 트랜스미터를 발명했다. 일루전 트랜스미터는 3D 기술의 발판을 마련했다는 점에서 역사적 평가를 받고 있다.

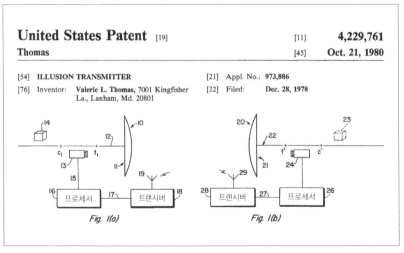

〈일루전 트랜스미터〉

PROCESSOR — TRANSCEIVER

버지니아 아프가

Virginia Apgar · 미국 · 1909~1974

소아과 의사였던 버지니아 아프가는 신생아 사망률을 낮추고 질식 사고를 예방하기 위해 다양한 연구를 했다. 1953년에는 신생아 건강 상태를 측정하는 척도인 아프가(APGAR) 척도를 개발했다.

아프가는 연구자의 이름이자 척도의 다섯 가지 영역-혈색(Appearance), 맥박(Pulse), 반사(Grimace), 근육 운동(Activity), 호흡(Respiration)-의 첫 글자이기도 하다.

각각의 항목은 0~2점 기준으로 평가되어 신생아의 상태를 나타낸다.

이처럼 단순한 척도가 수많은 생명을 살리고 더 건강하게 만들었다는 것은 놀라운 일이다.

아프가 척도						
항목	기준	0	1	2		
혈색	혈색	창백함	몸통은 분홍색, 손과 발은 푸른색	전체적으로 분홍색		
맥박	맥박	없음	1분당 100회 이하	1분당 100회 이상		
반사	반사 자극 민감성	반응 없음	찡그림	울음		
근육 운동	근긴장도	축 늘어짐	약간 구부림	활발한 움직임		
호흡	호흡	없음	약하고 불규칙함	힘찬 울음		

Apariencia 혈색
Pulso 맥박
Gesticulación 반사
Actividad 근육운동
Respiración 호흡

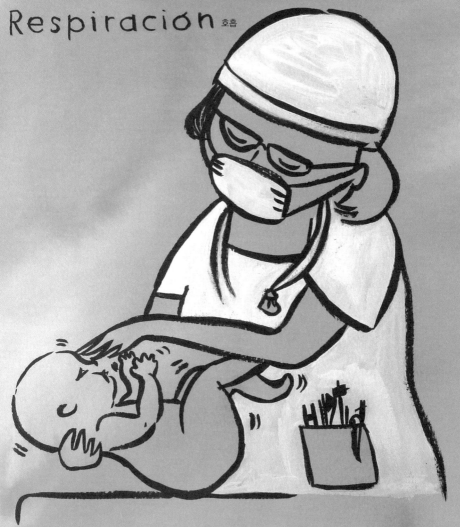

베시 블런트 그리핀

Bessie Blount Griffin · 미국 · 1914~2009

물리 치료사이자 법의학 과학자였던 베시 블런트 그리핀은 제2차 세계
대전 당시 전쟁에 참전했다가 팔을 못 쓰게 된 군인들이 혼자 식사를 할
수 있도록 보조하는 기구를 발명했다.

안타깝게도 미국참전협회는 베시의 발명품에 관심을 보이지 않았다. 몸
이 불편한 사람들을 진심으로 돕고 싶었던 베시는 이 발명품에 대한 권리
를 프랑스 정부에 팔았다. 이후 프랑스 정부는 1952년부터 이 기구를 육
군 병원에서 활용했다.

베시는 여기서 그치지 않고 전국을 돌아다니며 강연을 했으며, 신문에
칼럼을 게재하는 등 미디어 분야에서도 공로를 인정받은 최초의 아프리카
계 미국인 여성이 되었다.

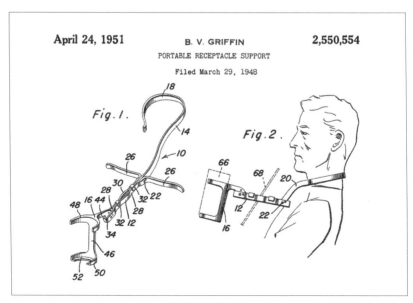

〈휴대용 그릇 지지대〉

뷸라 루이즈 헨리

Beulah Louise Henry · 미국 · 1887~1973

뷸라 루이즈 헨리는 발명품이 워낙 많아 '여자 에디슨'이라고 불렸다. 특허를 받은 발명품은 49건이지만, 평생 그가 개발한 발명품은 110여 건에 이른다.

아이스크림 제조기, 말하거나 눈을 깜빡이는 인형, 비누가 묻어 있는 목욕 스펀지, 카본지(먹지)를 사용하지 않고 한 번에 4장의 복사본을 만들어 내는 프로토그래프, 천을 교체할 수 있는 우산 등 기발한 발명품이 많다.

뷸라는 1939년부터 1955년까지 여러 기업에서 일하며 많은 제품을 발명했지만, 안타깝게도 발명품에 대한 특허권은 당시 뷸라가 일했던 기업들이 가졌다.

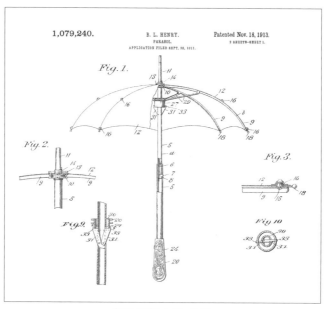

〈천을 교체할 수 있는 우산〉

블랑시 아메스 아메스

Blanche Ames Ames · 미국 · 1878~1969

　예술가이자 정치 활동가, 작가였던 블랑시 아메스 아메스는 여성 참정권과 산아 제한 지지자로 이름을 알렸다. 그는 여성의 대학 진학률이 저조했던 시절에 대학에서 예술사를 전공한 몇 안 되는 여성 중에 한 명이었다.

　블랑시는 초상화, 식물 도해, 정치 풍자만화 등 다양한 예술 분야에서 재능을 발휘했다.

　또한 발명 분야에서도 활약하여 육각형 목재 절단기, 적 항공기 포착 시스템(미군 당국에 의해 채택되기는 했으나 실제 전투에 적용되지는 않았다.) 등을 개발했다. 그 밖에도 먼셀 색 체계보다 더 확장된 새로운 색 체계를 남동생과 함께 개발했다.

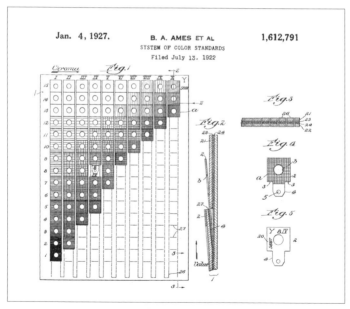

〈색채 표준 체계〉

사라 E. 구드

Sarah E. Goode · 미국 · 1855~1905

노예였던 사라 E. 구드는 미국 남북 전쟁이 끝나자 자유의 몸이 되었다. 시카고로 이주한 그는 목수였던 남편과 함께 가구점을 운영했다.

고객 대부분이 노동자들이었는데, 그들은 주로 작은 아파트에서 거주했다. 사라는 그들에게 맞는 가구가 없을까 고민하다가 접으면 책상이 되고 펼치면 침대가 되는 실용적인 접이식 침대를 개발했다.

사라는 1885년에 본인 이름으로 특허를 등록했고, 미국 흑인 여성으로는 최초로 특허권자가 되었다.

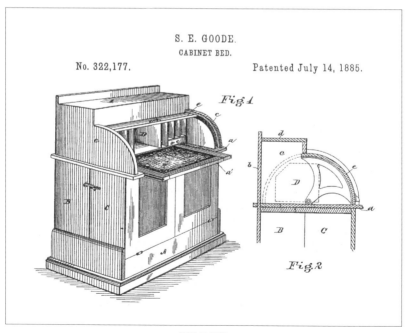

〈접이식 침대〉

사라 마더

Sarah Mather · 미국 · ? ~ 1868

　사라 마더와 관련된 문서는 거의 남아 있지 않다. 1843년에 한 잡지에 실린 기사에 따르면 사라 마더는 특이하고 의미 있는 물건을 만드는 발명가였다. 사라는 심해 관측경(잠망경)을 발명하고 2년 뒤에 특허를 받았다.

　사라의 발명품이 없었다면 19~20세기의 세계 역사는 지금과 많이 달랐을 것이다. 심해 관측경은 전쟁이나 정보 체계에서 전략적으로 이용된 것 말고도 해양 생물 분야 연구에도 유용하게 사용되었다. 또한 핵 실험장이나 방사성 반응 실험장 등 직접 지켜보는 것이 위험한 장소를 조사하는 데 이용되었다.

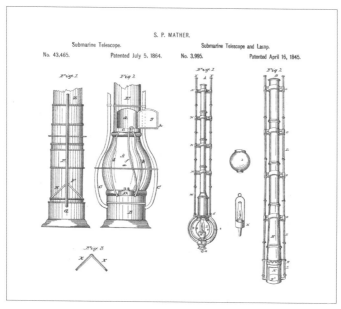

〈심해 관측경〉

셀리아 산체스 라모스

Celia Sánchez-Ramos · 스페인 · 1959년 출생

셀리아 산체스 라모스는 수많은 특허를 받았는데 그중 하나는 각막 인식으로 신원을 확인하는 인증 시스템이다.

이 시스템은 국방과 군대의 안전 체계뿐만 아니라 사무실, 은행, 호텔, 무선 기기, 컴퓨터 등 민간 부문에서도 사용된다. 이 시스템을 발명한 셀리아는 그 업적을 인정받아 많은 상을 받았고 전 세계적인 명성을 얻었다.

약제사이며 시과학과 예방의학, 공중보건 분야 박사인 그는 마드리드 콤플루텐세대학교의 검안 및 시력 석사 과정의 학과장이자 같은 대학의 신경컴퓨터과학·신경로봇과학 연구소의 설립자이기도 하다.

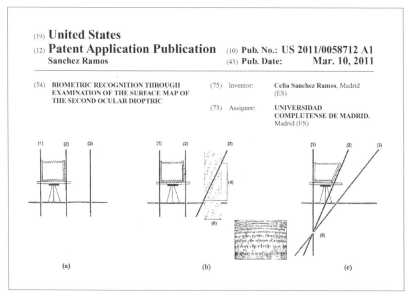

〈제2의 눈 굴절 표면도 검사를 통한 생체 인식〉

스테파니 퀄렉

Stephanie Kwolek · 미국 · 1923~2014

   화학을 공부한 스테파니 퀄렉은 케블라라는 합성 섬유를 발명했다. 케블라는 강철보다 5배 정도 강도가 세고 단단한 내열성 섬유다.

   케블라는 미국항공우주국(NASA)에서 사용될 뿐 아니라 탱크의 외장, 방한복, 방탄복, 방화복, 등산복 등을 만드는 데도 사용된다.

   케블라의 발명으로 방탄조끼가 탄생했으며, 소방관들은 더 이상 화상을 입지 않게 되었고, 오토바이 운전자들은 사고로부터 머리를 보호할 수 있게 되었다.

INVENTOR
STEPHANIE LOUISE KWOLEK

〈케블라 섬유의 미세 구조〉

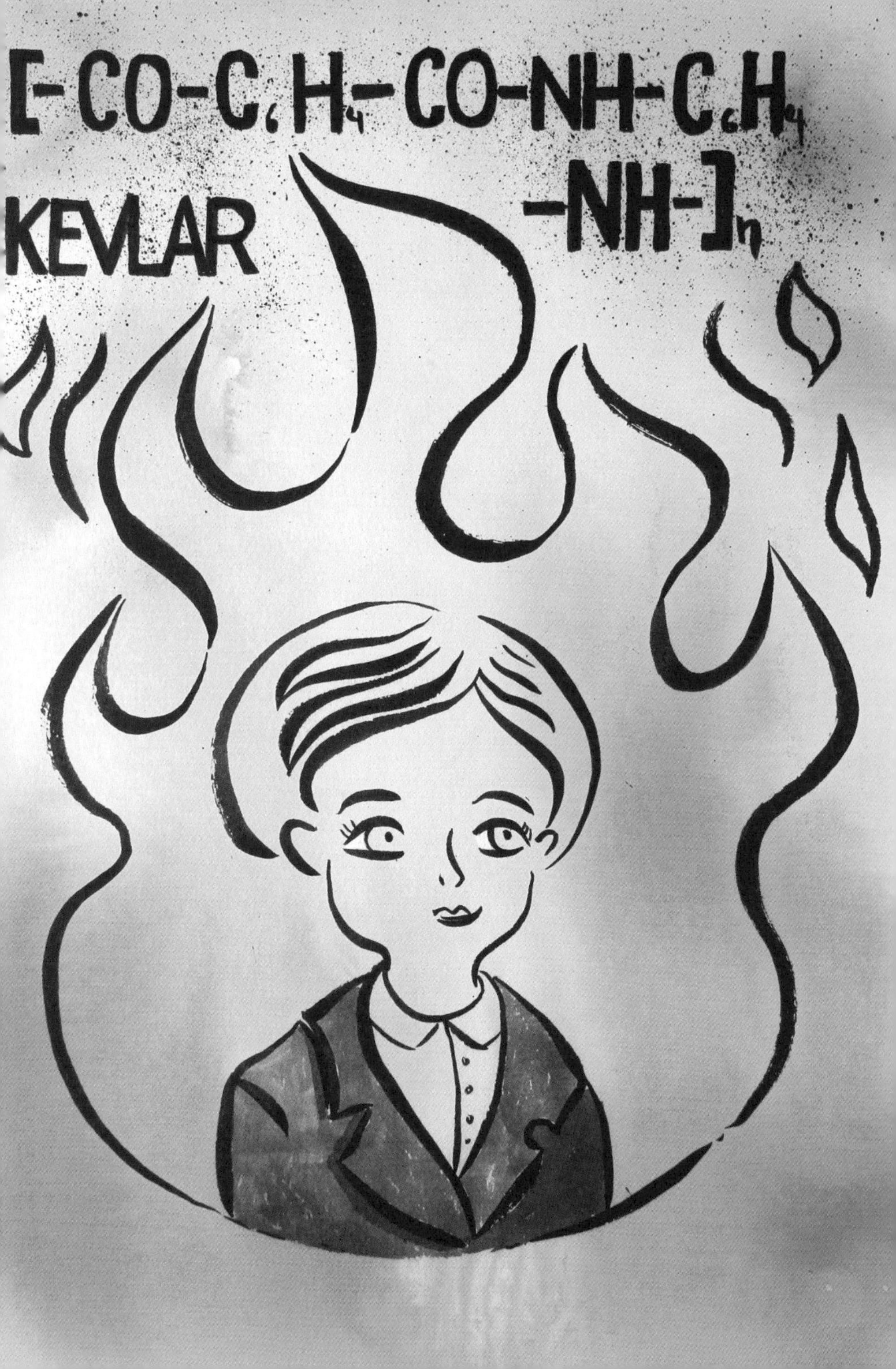

[-CO-C6H4-CO-NH-C6H4
-NH-]n
KEVLAR

시빌라 매스터스

Sybilla Masters · 버뮤다 제도 · 1675~1720

시빌라 매스터스는 동시대를 살아간 다른 여성들과 달리 시대를 앞서간 여성이었다. 남편인 토마스 매스터스는 미국의 기업가이자 많은 집과 땅을 소유한 사람이었다.

당시 영국은 식민지에 대해 특허를 허가하지 않았다. 하는 수 없이 시빌라는 옥수수를 가루로 빻는 제분기에 대한 특허를 받기 위해 1712년에 영국으로 건너갔고, 3년 후 영국 특허를 소유한 최초의 미국인 여성 발명가가 되었다. 그 당시는 여성이 특허증을 받을 수 없었기에 법적으로는 그의 남편 이름으로 발행되었지만 말이다.

얼마 뒤 시빌라는 종려 나뭇잎과 짚으로 모자를 제조하는 기술로 두 번째 특허를 획득했다. 시대의 개척자였던 시빌라는 1716년에 미국으로 돌아가 자신의 발명품으로 큰 성공을 거두었다.

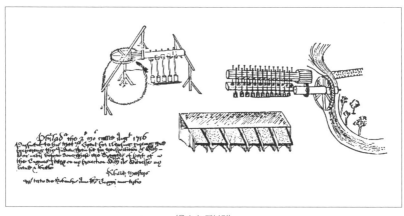

〈옥수수 제분기〉

아델린 D. T. 휘트니

Adeline D. T. Whitney · 미국 · 1824~1906

   이델린 D. T. 휘트니는 보수적인 사상을 담은 작품을 다수 저술한 작가였으며 참정권 반대론자였다. 그는 여러 저서에서 여성의 전통적인 역할을 강조했다. 그런 그가 유명해진 건 1882년에 발명한 알파벳 나무 블록 때문이다.

   퀴즈네르 수막대의 원조 격인 이 교구는 초등 수학 학습에 사용되었다. 아이들은 세로로 긴 직육면체 형태의 막대 4개와 크기가 다른 아치 형태의 막대 2개로 구성된 이 교구를 이리저리 맞추어 숫자와 알파벳 모양을 만들어 내며 재미있게 공부할 수 있었다.

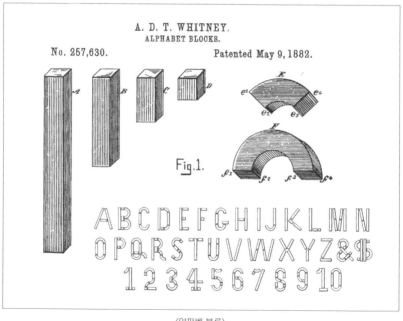

〈알파벳 블록〉

아만다 존스

Amanda Jones · 미국 · 1835~1914

　다양한 방면에서 재능을 보였던 아만다 존스는 교사이자 시인이었으며 여성 인권 수호자였다. 그가 남긴 작품 중에는 다수의 시집과 노래 가사도 있다.

　그는 공학 교육을 받은 적이 없지만 타고난 재능을 바탕으로 음식물 저장 방법을 연구하여 다양한 포장 방법을 발명했다. 공기를 차단하여 통조림 내부에 미생물 침입을 방지하여 식품을 저장하는 방식, 수분을 제거하는 방식, 식품을 신선하게 보존하기 위해 진공 상태로 포장하는 방식 등이 모두 그가 개발한 것이다. 그중 진공 포장 방식은 존스법이라는 명칭으로 알려져 있다.

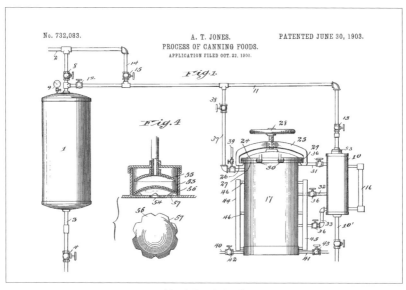

〈식품의 통조림 가공법〉

아이다 포브스

Ida Forbes · 미국 · 1870~?

앨리스 H. 파커가 가스보일러를 발명하기 2년 전인 1917년에 아이다 포브스는 전기보일러를 발명했다. 전기보일러는 지금까지도 많은 가정에서 사용하고 있다. 아이다는 욕실에 온수를 공급하기 위해 전기보일러를 설계했다. 그러나 온도를 조절할 수 있고 이동할 수 있어서 따뜻한 물이 필요한 곳이라면 어디든 설치할 수 있었다.

아이다는 전기보일러로 특허를 받았을 뿐만 아니라 상업화에도 성공해 큰돈을 벌었다.

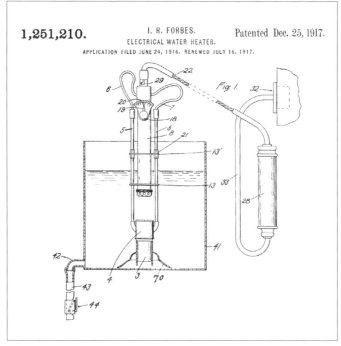

〈전기온수기〉

안나 바그너 케이치라인

Anna Wagner Keichline · 미국 · 1889~1943

건축가이자 기계 기사였던 안나 바그너 케이치라인은 1912년에 주방에 설치하는 물 빠지는 설거지대를 발명해 첫 특허를 받았다. 안나는 이후에도 실용적인 주방 기구를 추가로 발명했다.

그의 발명품 중 가장 획기적인 건 K형 벽돌이다. 이 벽돌은 기성 벽돌보다 단열과 방음, 내화성 측면에서 기능적으로 더 우수할 뿐만 아니라 경제적이고 가볍기까지 했다.

그 외에도 다양한 장난감과 냉방 시스템을 발명했으며, 펜실베이니아주와 오하이오주, 워싱턴 D.C.에서는 건물도 설계했다. 이게 끝이 아니다. 여성 참정권 문제와 공공주택의 환경 개선 문제에도 참여했으며, 제1차 세계대전 당시에는 특수 정보 요원으로 활동하기도 했다.

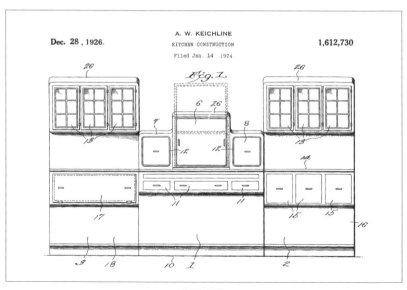

〈주방 설계〉

안나 코넬리

Anna Connelly · 미국 · 1858~1943

    미국 뉴욕에 아파트가 막 지어지기 시작하던 때, 새로 지은 아파트에 연이어 화재가 발생하자 화재 대피 방안에 대한 사회적 논의가 일었다. 많은 전문가들이 대안을 제시했고, 여성 발명가들이 제시한 아이디어도 30건이 넘었다.

    그중 안나 코넬리가 내놓은 방안이 가장 현실적이었다. 안나가 1887년에 고안한 화재 대피 장치는 당시 소방차 사다리가 닿을 수 없는 아파트 고층의 입주민들이 화재 시 옆 건물로 대피하여 목숨을 구할 수 있도록 만든 철제 다리였다. 일명 화재 대피 다리라 불리는 이 발명품은 화재 대피용 비상계단과 함께 뉴욕의 상징물이 되었다.

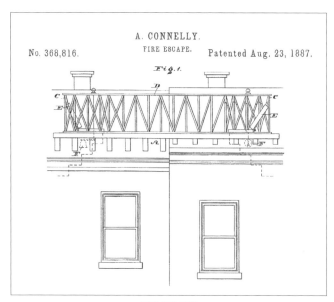

〈화재 대피 다리〉

앙헬라 루이스 로블레스

Ángela Ruiz Robles · 스페인 · 1895~1975

   교육학을 전공한 앙헬라 루이스 로블레스는 여러 학교에서 교사와 학교
장을 역임했다. 세 아이의 어머니이기도 한 그는 학교에서 학생들에게 속기
술, 철자법, 문법, 타자술 등을 가르쳤다. 그 외에도 총 16권의 저서를 출판
한 작가이자 강연자였다.

   그는 연구 결과물을 거의 다 세상에 공개했다. 그에게 가장 큰 명성을 안
긴 업적은 1949년에 발명한 기계 백과사전이다. 이 발명품 덕분에 앙헬라
는 오늘날 우리가 사용하는 전자책의 선구자로 평가받는다.

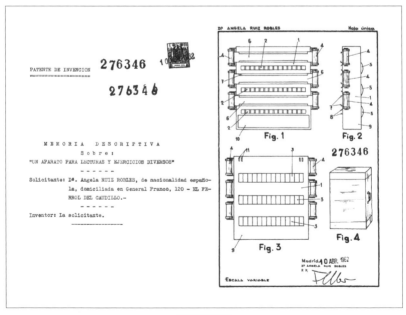

〈기계 백과사전〉

애버게일 M. 플렉

Abigail M. Fleck · 미국 · 1985년 출생

애버게일 M. 플렉은 8세 때 부모님이 다투는 모습을 보고 전자레인지용 베이컨 구이 용기 아이디어를 떠올렸다고 한다.

그날 부모님이 다툰 이유는, 아버지가 베이컨을 굽고 나서 프라이팬에 남은 기름을 신문지로 닦았기 때문이다. 어머니는 비위생적이라며 아버지의 그런 행동을 싫어했다.

더 이상 부모님이 다투는 모습을 보고 싶지 않았던 애버게일은 용기 위에 T자 모양 걸개를 세워 베이컨을 걸 수 있게 했다. 그렇게 하면 베이컨 기름이 용기 바닥으로 바로 떨어지니까 프라이팬을 신문지로 닦지 않아도 되었다. 애버게일은 1994년에 '메이킹 베이컨'이란 이름으로 이 발명품의 특허를 획득했다. 이후 애버게일은 아버지와 함께 회사를 설립하여 전 세계에 수백만 개의 메이킹 베이컨을 판매했다.

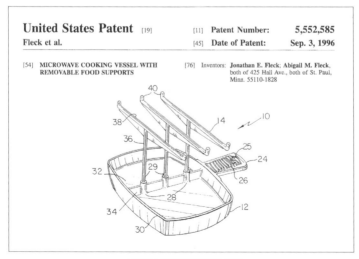

〈걸개가 달린 전자레인지용 용기〉

앤 무어

Ann Moore · 미국 · 1934년 출생

    소아과 간호사였던 앤 무어는 독일과 모로코에서 의료 봉사자로 활동하였으며, 미국 정부가 파견하는 평화 봉사단에서도 활동했다. 앤은 아프리카 토고에서 활동하던 1960년대에 딸 만델라를 낳았다. 그곳에서 아프리카 여성들이 얇은 천으로 아기를 등에 업어 키우는 것에 영감을 받은 앤은 많은 어머니들의 삶을 바꾸는 기발한 발명품을 고안했다. 아기를 등에 업어 이동할 수 있는 배낭 형태의 스너글리 아기띠가 바로 그것이다.

    미국으로 돌아온 앤은 어머니인 아그네스와 함께 스너글리 아기띠 디자인을 개발했다. 스너글리 아기띠는 1969년에 어머니 아그네스의 이름으로 특허를 받았고, 이후 일부분을 보완하여 앤의 이름으로 특허를 받았다. 앤은 아기띠의 발명으로 큰 성공을 누렸다.

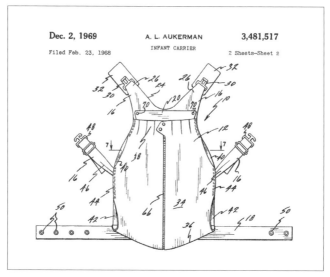

〈스너글리 아기띠〉

앨리스 H. 파커

Alice H. Parker · 미국 · 1865~?

불꽃, 장작, 굴뚝, 화로, 난로, 석탄……. 열과 불을 만드는 일은 언제나 인류와 환경을 위협하는 행위였다. 적어도 1919년 12월의 어느 추운 날, 앨리스 H. 파커가 가스를 연료로 하는 중앙난방 시스템을 발명하기 전까지는 그랬다.

역사에서 이와 유사한 난방 시스템을 찾자면 고대 로마의 하이포코스트를 들 수 있다. 로마인들은 장작을 태워 발생하는 뜨거운 공기로 목욕탕 바닥을 데웠다.

앨리스가 만든 중앙난방 시스템은 오늘날 천연가스로 온수를 공급하고 집을 따뜻하게 데우는 방식과 유사하다.

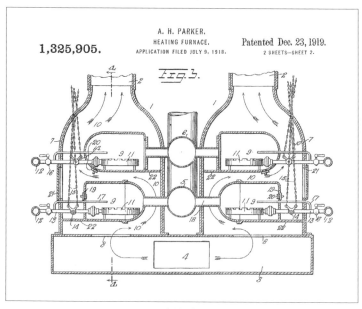

〈가열로〉

에르나 슈나이더 후버

Erna Schneider Hoover · 미국 · 1926년 출생

컴퓨터 과학의 선구자인 에르나 슈나이더 후버는 대학에서 역사와 철학을 공부했으며, 철학과 수학 기초론으로 박사 학위를 받은 뒤 대학에서 철학과 논리학을 강의했다. 그러다가 1954년 학교를 떠나 벨연구소로 자리를 옮겼다.

기호논리학과 피드백 이론 분야 전문가로 초빙된 에르나는 벨연구소에서 최초의 여성 임원으로 근무했다. 그곳에서 일할 당시 그는 하나의 전화 교환기에 전화가 몰려 과부하가 걸리자, 자동 전화 교환 시스템을 개발하여 이를 해결했다. 이 발명은 세계 최초의 소프트웨어 특허로 꼽힌다.

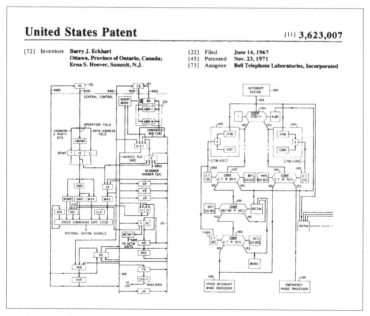

〈저장된 프로그램 데이터 처리 시스템을 위한 피드백 제어 모니터〉

에밀리 E. 태시

Emily E. Tassey · 미국 · 1823~1899

    에밀리 E. 태시는 남편 없이 혼자 자식 셋을 키우는 와중에도 기계공학 분야에 종사하면서 다양한 장치를 발명했다. 그에 대한 정보는 특허증에 기재된 주소지가 펜실베이니아주의 맥키스포트였다는 것뿐 어디에서도 찾아볼 수 없었다.

    에밀리는 침몰한 배를 인양하는 데 쓰이는 장비, 나선형 사이펀 펌프, 선박 추진용 펌프, 준설기(물속의 흙이나 모래 따위를 파내는 데 쓰는 기계) 등을 발명해 특허를 받았다. 이 발명품들은 남편 없이 혼자 가족을 먹여 살려야 했던 그에게 경제적으로 큰 도움이 되었다.

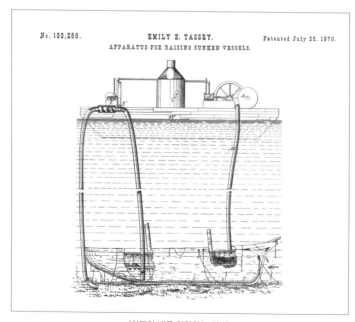

〈침몰한 배를 인양하는 장비〉

에이다 러브레이스

Ada Lovelace · 영국 · 1815~1852

에이다 러브레이스는 영국의 저명한 낭만파 시인 조지 고든 바이런의 딸이다. 아버지를 닮아 문학적인 소질도 있었지만 수학에 그 이상으로 놀라운 재능을 보였다.

해석기관(세계 최초의 범용 자동 디지털 계산기)을 개발한 영국의 수학자 찰스 배비지가 그의 스승이었는데, "에이다는 해석기관을 나보다 더 잘 아는 사람"이라고 인정할 정도였다.

에이다는 찰스 배비지가 1843년에 쓴 해석기관에 관한 논문에 주석을 쓰면서 해석기관에서 처리되도록 설계된 알고리즘을 개발했다. 에이다에게 세계 최초의 프로그래머라는 수식어가 붙는 이유는 바로 이 때문이다.

미 국방부는 그를 기리며 1979년에 개발한 컴퓨터 프로그래밍 언어에 '에이다'라는 명칭을 붙였다.

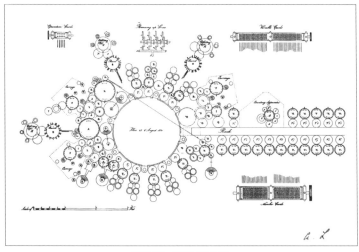

〈에이다가 개발한 알고리즘〉

엘렌 엘리자 피츠

Ellen Eliza Fitz · 미국 · 1836~?

　가정 교사였던 엘렌 엘리자 피츠는 지구 위를 지나는 태양의 궤적을 담은 지구본을 발명했다. 그는 1875년에 지구본의 특허를 받았으며, 『지구본 조작 안내서』를 출판했다. 엘렌의 지구본은 1876년에 필라델피아대학교에서 열린 박람회에서 소개된 후 큰 성공을 거두었다.

　1882년에 엘렌은 별자리의 위치를 일 년 열두 달, 다양한 지점에서 관찰하여 반영한 새로운 버전의 지구본을 발명하여 특허를 받았다.

　엘렌이 개발한 지구본은 지금까지도 경매 시장에서 단골손님으로 출품되고 있으며, 컵이나 앞치마를 비롯하여 수많은 제품에 지구본의 이미지가 차용되고 있다.

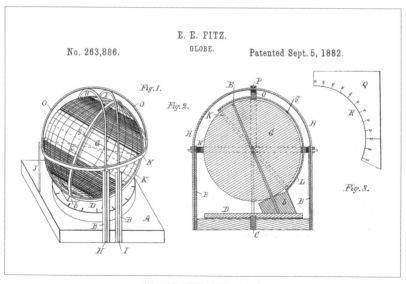

〈별자리의 위치를 반영한 지구본〉

엘렌 오초아

Ellen Ochoa · 미국 · 1958년 출생

엘렌 오초아는 히스패닉계 여성으로는 처음으로 1993년 4월 8일에 디스커버리호에 승선해 우주를 여행했다. 물리학과 전자공학을 전공한 그는 반복되는 패턴에서 결함을 발견해 내는 시스템을 설계했다. 이 시스템은 이후에 로봇공학에도 적용되었다.

엘렌이 높게 평가받는 이유는 비단 과학 기술 분야에서 큰 업적을 남겼다거나, 미국항공우주국(NASA)의 우주 비행 계획에 네 번이나 참여했기 때문만은 아니다. 그는 마음만 먹으면 남녀를 떠나 누구든 출신과 상관없이 무엇이든 할 수 있다는 것을 증명했다.

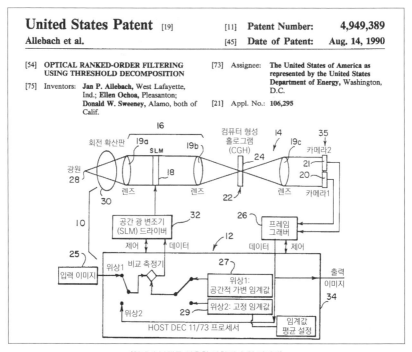

〈임계값 분해를 이용한 광학적 순위 필터링〉

엘리아 가르시-라라 카탈라

Elia Garci-Lara Catalá · 스페인 · ?~?

1890년 엘리아 가르시-라라 카탈라는 통합기계세탁시스템을 발명해 특허를 받았다. 이 발명품은 오늘날 우리가 쓰는 세탁기와 유사한 기계다.

예컨대, 옷의 종류나 더러운 정도를 구분하여 초벌 세탁에 이어 본 세탁까지 하고 나면 마지막으로 탈수 과정이 진행된다.

여기서 끝이 아니다. 기계에 장착된 건조 장치로 세탁물을 건조한 후 다림질과 옷 개키기까지 되었다.

그러나 안타깝게도 상업화에는 성공하지 못했다.

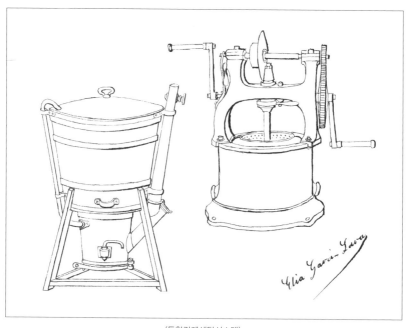

〈통합기계세탁시스템〉

엘리자베스 리 하젠 / 레이첼 풀러 브라운

Elizabeth Lee Hazen · 미국 · 1885~1975
Rachel Fuller Brown · 미국 · 1898~1980

엘리자베스 리 하젠은 3세라는 어린 나이에 고아가 되었지만 어려운 형편 속에서도 열심히 공부해 콜롬비아대학교에서 미생물학 박사 학위를 받았다.

레이첼 풀러 브라운 역시 부모님의 이혼과 가난이라는 힘든 상황에서 성장했다. 그가 시카고대학교에서 화학 박사 학위까지 받게 될 거라 예상했던 사람은 아무도 없었다.

이 둘은 1948년에 니스타틴이라는 최초의 항생 물질을 개발했다. 니스타틴은 피부, 입, 질, 소화관 등에서 곰팡이에 의해 발생하는 감염 치료에 사용되는 약이다. 엘리자베스와 레이첼은 니스타틴을 특허 등록해서 얻은 수익금 약 1300만 달러(한화 약 160억 원)를 비영리 연구단체 설립에 기부했다.

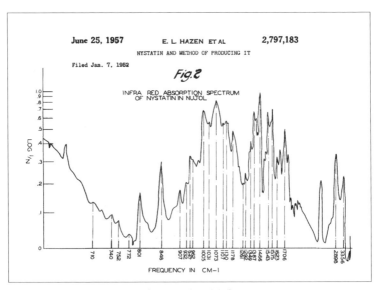

〈니스타틴 및 그 생산법〉

엘리자베스 아덴

Elizabeth Arden · 캐나다 1878년~미국 1966년

엘리자베스 아덴은 수십 개에 달하는 메이크업 박스의 특허를 받으려고 종종 본명 외에 남편의 성을 붙인 이름인 '플로렌스 나이팅게일 루이스'라는 이름을 썼다. 그러나 다른 수백 개의 제품은 자신의 회사명인 'Elizabeth Arden Inc.'라는 상표로 생산되었다.

플로렌스는 1908년에 뉴욕에 입성한 뒤, 한 제약회사에서 회계 업무를 담당했다. 그곳에서 일하면서 화장품 사업을 구상했고, 일 년 뒤 1909년에 회사 동료였던 엘리자베스 허버드와 함께 미용실을 열었다. 그러나 동업자는 6개월 뒤에 사업을 그만두었다.

훗날 수백만 개가 넘는 미용 제품이 탄생한 코스메틱 왕국의 이름인 '엘리자베스 아덴'은 플로렌스가 자신의 세례명인 엘리자베스에 아덴이라는 이름을 덧붙여 만들었다.

플로렌스의 미용실 사업은 날로 번창해서 매상고가 600만 달러(한화 약 70억 원)에 이르는 매장이 생길 정도였다.

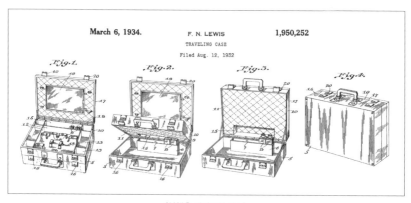

〈여행용 메이크업 박스〉

엘리자베스 호크스

Elizabeth Hawks · 미국 · 1822~1889

　전기가 발명되기 전까지 요리는 매우 어려운 일이었다. 요리를 태우지 않으려면 열기를 잘 조절해야 하는데, 이는 쉽지 않은 일이었기 때문이다.

　엘리자베스는 난로에 공기실을 만들어 열기가 고루 퍼지도록 하여 이 문제를 해결했다. 엘리자베스가 발명한 난로 덕분에 속은 부드럽고 겉은 바삭한 빵을 구울 수 있게 되었다. 엘리자베스의 발명품은 몇 개월 만에 2000개가 넘게 팔리는 큰 성공을 거뒀다.

　2년 뒤, 그는 자신이 개발한 난로 시스템을 장착한 요리 도구를 만들어 특허를 받았고, 1875년에는 야외용 풍로를 개발해 특허를 획득했다.

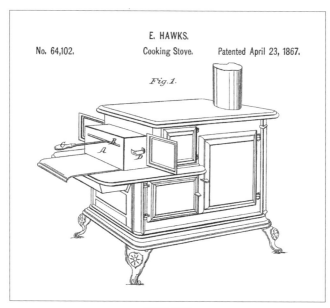

〈조리용 난로〉

엘사 스키아파렐리

Elsa Schiaparelli · 이탈리아 1890년 ~ 프랑스 1973년

　이탈리아의 귀족 가문에서 출생한 엘사 스키아파렐리는 1930년대 코코 샤넬과 함께 파리의 패션을 풍미했던 디자이너이다.

　검정 니트 스웨터에 리본 매듭 패턴을 넣어 실제처럼 보이게 눈속임 기법을 써서 디자인한 트롱프뢰유 스웨터, 스페인 테니스 선수인 릴리 알바레스를 위해 디자인한 치마바지, 여성의 신체에서 영감을 얻은 향수병, 지퍼를 단 드레스 등 독창적이고 혁신적인 디자인으로 유명하다.

　엘사 스키아파렐리는 살바도르 달리, 알베르토 자코메티, 장 콕토 등 당대 최고의 예술가들과 교류하면서 그들로부터 얻은 아이디어를 패션에 접목해 어디서도 볼 수 없는 그만의 패션을 완성하였다.

　전통과 고정관념을 파괴한 독특한 패션을 선보인 엘사 스키아파렐리는 패션계의 초현실주의자라 불리며 오늘날까지도 수많은 패션 디자이너들에게 영감을 주고 있다.

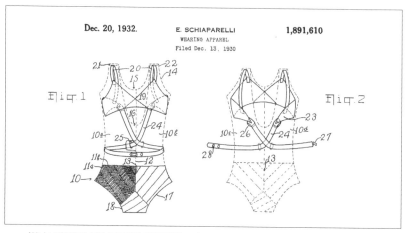

〈이너 브래지어를 뒤에서 교차해 허리띠처럼 고정하여 매혹적인 뒤태를 보이게끔 한 수영복 디자인〉

유대인 마리아

María la Judía · 알렉산드리아 · 1 ~ 2세기

고대 현인이자 최초의 연금술사인 마리아는 오늘날 화학의 기본이 되는 저서들을 편찬했다. 마리아는 실험실에서 여러 화학 물질들을 증류 및 승화하기 위해 복잡한 기구들을 만들어 사용했다.

마리아가 발명한 기구 중 가장 유명한 것은 케로타키스(Kerotakis)이다. 케로타키스는 연금술에 쓰는 다양한 물질들을 가열하여 증기를 추출하는 장비다. 트리비코스(Tribikos)도 빼놓을 수 없다. 트리비코스는 3개의 파이프가 달린 증류기로, 특정한 종류의 화학 물질을 증류하는 장비다.

오늘날까지 요리나 실험에 적용되는 중탕이라는 기술도 마리아의 이름을 따서 '뱅마리'(Bain-marie)라고 부른다.

〈케로타키스〉

이디스 클라크

Edith Clarke · 미국 · 1883~1959

12세에 고아가 된 이디스 클라크는 부모님에게 물려받은 유산으로 수학과 천문학을 공부했다. 그는 1919년에 매사추세츠공과대학교에서 전기공학 석사 학위를 받았고, 미국 최초의 여자 전기공학자이자 전기공학 교수가 되었다.

이디스는 전기 에너지 시스템 분석을 전공했으며, 『A-C 전원 시스템의 회로 분석(Circuit Analysis of A-C Power Systems)』을 집필했다. 뿐만 아니라 원거리 송전에서 발생하는 문제를 해결하기 위해 일명 '클라크 계산기'라 불리는 그래픽 계산기를 발명했다. 이디스가 개발한 계산기로 복잡한 원거리 송전 문제를 해결했을 뿐만 아니라, 기존의 그 어떤 방식보다 빠른 송전이 가능해졌다.

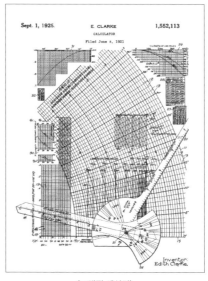

〈그래픽 계산기〉

이디스 플래니겐

Edith Flanigen · 미국 · 1929년 출생

화학자이자 물리학자인 이디스 플래니겐은 합성 에메랄드와 제올라이트 연구로 명성을 얻었다. 이 두 가지 연구는 석유 정제, 액체와 기체의 착색, 오염 제어에 사용되었다. 제올라이트 Y는 가솔린 분율을 증가시키는 촉매로, 석유 화학 산업의 원유 정제 공정에 이용된다.

그 밖에도 이디스는 200개가 넘는 합성 물질을 개발했으며, 36권이 넘는 출판물을 집필했다. 그리고 등록한 특허만도 109건이 넘는다.

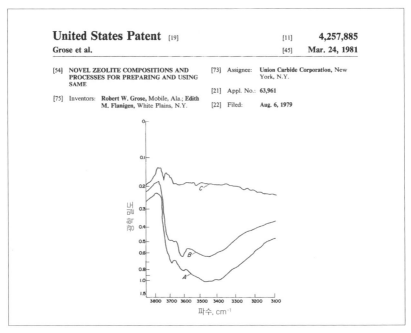

〈신규 제올라이트 조성물과 그 제조 및 사용 방법〉

잉게 레만

Inge Lehmann · 덴마크 · 1888~1993

잉게 레만은 수학자이자 지진학자이며 측지학 전문가이다. 그는 지진이 발생했을 때 움직이는 지진파를 연구하다가 지구 핵이 단단한 내부와 액체인 외부로 나뉘어 있다는 걸 알아냈다.

지구 핵이 두 부분으로 나뉘어 생긴 내핵과 외핵의 경계면을 잉게 레만에게 경의를 표하는 뜻에서 그의 성을 붙여 '레만 불연속면'이라 이름 붙였다. 레만 불연속면 위를 외핵, 그 아래를 내핵이라고 하는데 외핵은 액체 상태이고, 내핵은 고체 상태이다.

잉게 레만은 국제지진협회 및 연구소 설립에 큰 공헌을 하였으며, 일생 동안 지진학을 연구하며 많은 업적을 이루었다.

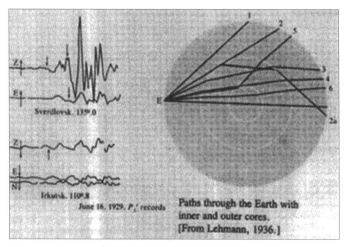

〈내핵과 외핵이 있는 지구를 통과하는 길〉

조세핀 코크레인

Josephine Cochrane · 미국 · 1839~1913

조세핀 코크레인은 집에 사람들을 초대해 파티를 여는 걸 좋아했다. 워낙 파티가 잦아서 하녀들은 접시와 찻잔을 제때 닦아 내지 못했을 뿐만 아니라 급하게 설거지를 하느라 그릇을 깨 먹기 일쑤였다.

참다못한 조세핀은 기계에 대해 배운 적도 없을 뿐더러 죽은 남편이 남기고 간 빚에 허덕이는 상황이었지만, 열정을 다해 역사상 최초의 식기세척기를 발명했다.

조세핀의 발명품은 1893년에 개최된 시카고 만국 박람회에서 처음 소개되었고, 곧바로 인기 상품이 되었다.

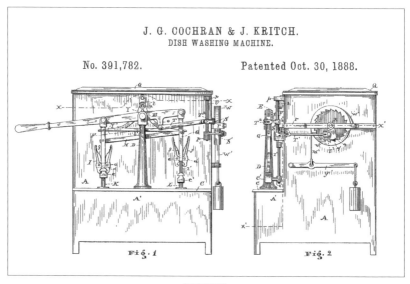

〈식기세척기〉

줄리 뉴마

Julie Newmar · 미국 · 1933년 출생

배우이자 댄서, 가수인 줄리 뉴마는 1966년부터 1968년까지 미국에서 방영된 TV 시리즈 「배트맨」에서 캣우먼 역을 맡아 이름을 알렸다. 당시 줄리는 자신의 몸매를 더욱 멋지게 보이려면 몸에 밀착되고 엉덩이 부분이 강조된 의상이 필요하겠다고 생각했다.

이에 줄리는 '푸시업'(Push Up)이라는 타이츠를 개발해 누드마(Nudemar)라는 상표를 붙여 판매했다. 그리고 등이 훤히 드러나는 상의에 방해되지 않도록 끈이 교차되는 브래지어도 개발했다.

비록 캣우먼이라는 역할을 위해 만든 의상이지만, 줄리는 한 걸음 더 나아가 의상을 통해 섹시함을 표현하고자 했다.

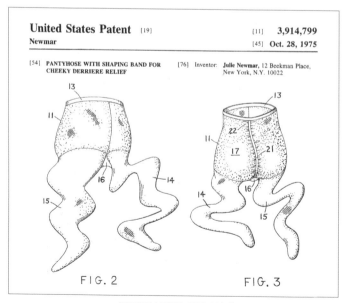

〈엉덩이가 부각되는 팬티 스타킹〉

칸델라리아 페레스

Candelaria Pérez · 스페인· ?~?

　스페인 카나리아 제도 출신인 칸델라리아 페레스는 시대를 앞서가는 가구를 만들어 냈다.

　칸델라리아가 1889년에 개발하여 특허를 획득한 제품은 침대를 화장대, 세면대, 서랍장, 책상, 비데, 탁자 등의 주변 가구들과 통합하여 배치한 가구였다.

　그가 개발한 가구는 다양한 기능을 갖추었으며 이리저리 옮기기도 쉬운 공간 절약형 가구였다. 요즘 유행하는 가구 스타일을 19세기에 발명하다니 칸델라리아의 인테리어 안목은 21세기에 견주어 봐도 뒤지지 않는다.

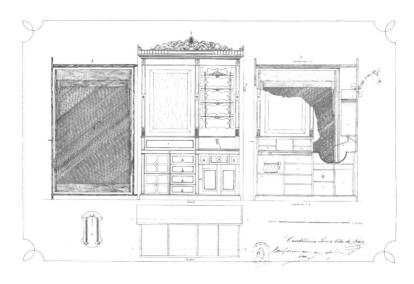

〈주변 가구들과 통합하여 배치한 가구〉

캐럴 위어

Carol Wior · 미국 · 1948년 출생

캐럴 위어는 부모님 댁의 낡은 창고에서 단돈 77달러와 재봉틀 세 대로 사업을 시작하여 훗날 큰 부자가 되었다. 캐럴의 발명품은 당시로서는 획기적인 디자인의 수영복으로, 슬림수트라는 이름으로 특허를 획득했다. 슬림수트 개발로 캐럴의 회사는 1990년대 증권 거래소에서 가장 수익성 높은 회사 반열에 오르기도 했다.

슬림수트의 성공 비결은 여성들의 현실적인 고민들을 반영했다는 것이다. XL(엑스 라지) 사이즈를 제작하고, 옆구리와 가슴 부분에 보강재를 넣어 신체 곡선을 매끄럽게 살려 몸매가 예쁘게 보이도록 디자인했다. 현재 스타킹에서부터 속옷에 이르기까지 캐럴 위어가 디자인한 모든 제품은 여성의 신체를 아름답게 만들어 주려는 단 한 가지 목적을 위해 제작되고 있다.

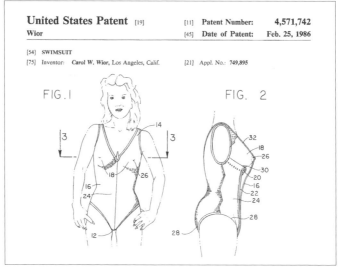

〈수영복〉

캐서린 블로젯

Katharine Burr Blodgett · 미국 · 1898~1979

캐서린 블로젯은 1926년에 여성 최초로 캠브리지대학교에서 물리학 박사 학위를 받았다.

캐서린은 제너럴일렉트릭 연구소에 근무하면서 과학자 랭뮤어와 공동으로 금속, 유리 등의 표면을 덮는 단분자막 시스템을 개선하여 반사되지 않는 유리를 개발하는 데 성공했다. 그는 1938년에 '랭뮤어-블로젯 필름'이라는 명칭으로 이 발명품의 특허를 받았다.

이 놀라운 필름은 모든 종류의 렌즈, 이를 테면 안경, 현미경, 망원 렌즈, 사진기, 스크린 등에 반사 현상을 방지하는 데 사용되었다. 오늘날 우리가 휴대 전화나 컴퓨터를 거의 매일 장시간 쓸 수 있는 것도 캐서린의 발명 덕분이다.

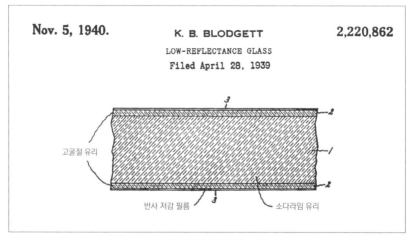

Nov. 5, 1940.

K. B. BLODGETT

2,220,862

LOW-REFLECTANCE GLASS

Filed April 28, 1939

고굴절 유리

반사 저감 필름

소다라임 유리

〈반사율이 낮은 유리〉

캔더스 비브 퍼트

Candace Beebe Pert · 미국 · 1946~2013

캔더스 비브 퍼트는 신경과학자이자 약리학자인 동시에 『감정의 분자』라는 베스트셀러의 저자이다. 아편제 수용체의 발견으로 수용체 기반 약물이라는 약학 분야를 개척한 장본인이기도 하다. 또한 건선과 알츠하이머, 만성피로 증후군, 뇌졸중, 외상성 두개골 장애 치료에 사용하는 변형 펩타이드 관련 특허를 다수 보유하고 있으며 에이즈 치료제 개발에도 힘썼다.

캔더스의 논문 지도 교수인 솔로몬 스나이더와 다른 연구자 두 명은 1978년에 예비 노벨상이라 불리는 래스커상을 수상했다. 그러나 연구에 함께 참여했던 캔더스는 수상자 명단에서 누락되었다. 캔더스는 자신을 여성이라는 이유로 수상자 명단에서 제외했다며 래스커상 위원회를 고발했다. 이 사건으로 래스커상을 수상했던 나머지 세 명마저 노벨상에 입후보할 수 없게 되었으며, 그로 인한 큰 논쟁이 불거지기도 했다.

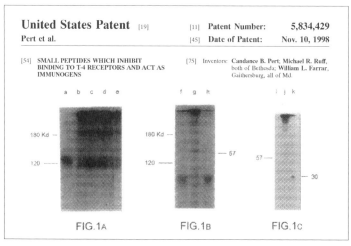

〈T-4 수용체 결합을 억제하고 면역 물질로 작용하는 작은 펩타이드〉

콘셉시온 알레익산드레 바예스테르

Concepción Aleixandre Ballester · 스페인 · 1862~1952

교사이자 과학자이며 부인과 의학 박사인 콘셉시온 알레익산드레 바예스테르는 자궁 탈출증과 느슨해진 골반 근육을 치료하기 위해 질에 삽입하는 장치를 고안해 냈다.

금속 페서리 두 개가 반지 모양으로 겹쳐진 형태인 이 장치는 부드럽게 휘어지고 구부러지는 재질로 만들어졌다. 페서리란 피임 기구 중 하나로 반구 모양에 막이 덮여 있다.

콘셉시온의 발명품은 최초의 금속 페서리로, 감염을 예방하는 장점이 있었다. 콘셉시온은 발명 외에도 인도주의 활동에 적극적이었고 남녀 평등과 여성들의 권리 보호를 위해 힘썼다.

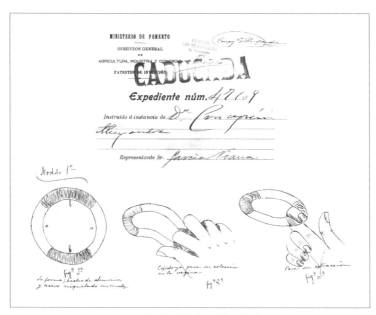

〈자궁 탈출증 치료를 위한 금속 페서리〉

크리스티나 카사데발 데 라 카마라

Cristina Casadevall de la Cámara · 스페인 · 1985년 출생

크리스티나 카사데발 데 라 카마라는 고등학생 때 견과류 껍데기에 송진과 다양한 재료를 섞어 새로운 재생 물질을 만들어 냈다.

이 재생 물질을 덩어리로 만들어 말리면 가볍지만 매우 단단해져서 목재보다 훨씬 더 다양하게 활용할 수 있다. 따라서 머지않은 미래에 목재 대체물이 될 수 있을 것이다.

크리스티나는 이 발명품에 에코카르크리스(Ecocarcris)라는 이름을 붙여 특허를 받았다. 크리스티나의 연구는 작은 아이디어조차도 매우 소중하며, 아이들의 호기심과 창의성이 멋지게 탈바꿈될 수 있음을 입증하는 계기가 되었다.

(19) OFICINA ESPAÑOLA DE PATENTES Y MARCAS

ESPAÑA

(11) Número de publicación: **2 199 088**

(21) Número de solicitud: 200201900

(51) Int. Cl.7: C08L 97/02
B27N 3/00

(12) SOLICITUD DE PATENTE A1

(22) Fecha de presentación: **31.07.2002**

(43) Fecha de publicación de la solicitud: **01.02.2004**

(43) Fecha de publicación del folleto de la solicitud: **01.02.2004**

(71) Solicitante/s: **Cristina Casadevall de la Cámara**

(72) Inventor/es: **Casadevall de la Cámara, Cristina**

(74) Agente: **No consta**

(54) Título: **Composición a base de cáscaras de frutos secos trituradas mezcladas con resina para la aplicación en la construcción de objetos diversos y muebles.**

(57) Resumen:
Composición a base de cáscaras de frutos secos trituradas mezcladas con resina para la aplicación en la construcción de objetos diversos y muebles.
El objeto de esta invención es una composición a base de cáscaras de frutos secos trituradas mezcladas con resina para la aplicación en la construcción de objetos diversos y muebles, estableciéndose una proporción aproximada de 40 gr. de resinas por 20 gr. de cáscaras, lo que supone el doble de resina respecto a las cáscaras. El proceso para la consecución de este material o compuesto se inicia con la trituración de las cáscaras y su tamizado para obtener un granulado homogéneo que se mezclará con la resina en la proporción adecuada hasta obtener una pasta o masa compacta. Las cáscaras pueden ser de una única clase de fruto seco o de varias clases, sin que la proporción entre las diferentes clases sea significativa.

〈견과류 껍데기를 갈아서 수지와 혼합하여 만든 목재 대신 이용할 수 있는 조성물〉

크리스티나 홀리

Krisztina Holly · 미국 · 1969년 출생

크리스티나 홀리의 동료들은 크리스티나가 슈퍼우먼 같다며 그에게 'Z'라는 별명을 붙여 주었다. 인형보다 레이저건을 더 좋아하는 등 어린 시절부터 남달랐던 그는 결국 자라서 공학자 겸 사업가가 되었다.

크리스티나는 세계 최초의 컴퓨터 생성 컬러 홀로그램과 우주 왕복선의 주 엔진 접합부 통제 시스템, MIT 인공지능 연구소의 헤드 아이 로봇 등을 개발했다.

그러나 크리스티나가 세계적인 유명인이 된 이유는 따로 있다. 그는 높은 판매고를 기록한 전화 통신 소프트웨어인 스타일러스(Stylus)와 비주얼 보이스(Visual Voice)의 공동 개발자이며, 제1차 TED 강연회를 기획한 장본인이다. 뿐만 아니라 서던캘리포니아대학교와 매사추세츠공과대학교에 여러 개의 혁신 센터를 만들어 수많은 스타트업 기업의 설립에 기여했다.

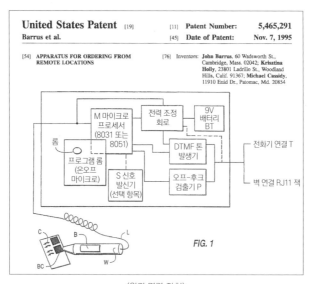

〈원격 명령 장치〉

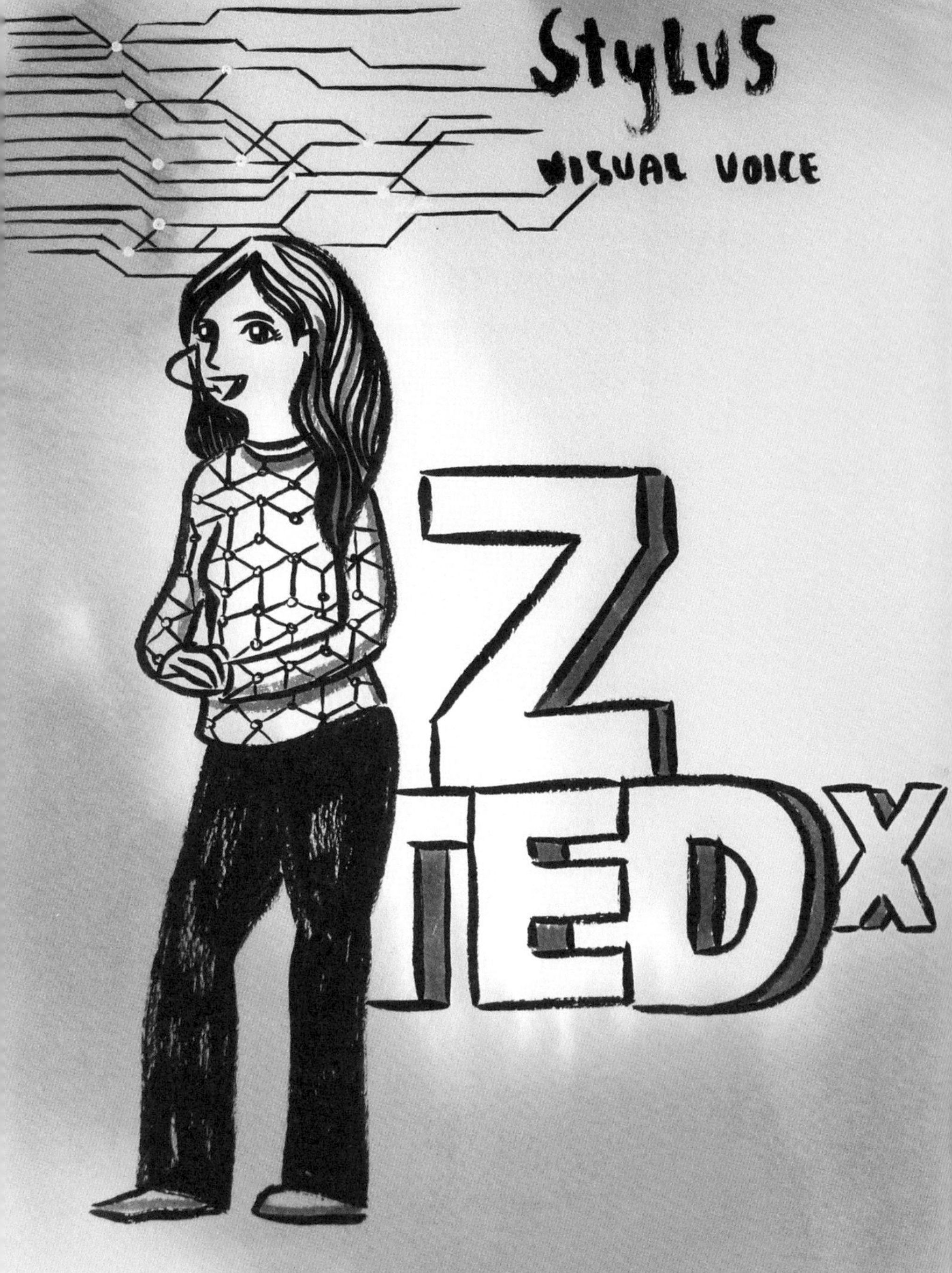
Stylus
VISUAL VOICE
Z
TEDX

클리코 부인(바브-니콜 폰사르뎅)

Madame Clicquot(Barbe-Nicole Ponsardin) · 프랑스 · 1777~1866

클리코 부인은 1805년에 남편이 사망하자 27세의 젊은 나이에 가업인 샴페인 사업을 책임져야 했다. 그는 좋은 포도를 선별하는 일부터 제품을 유럽 각지에 수출하는 일까지 도맡았다.

당시의 샴페인은 병 속 침전물 때문에 맑지 않고 탁했다. 여러 방도로 해결책을 찾던 클리코 부인은 1816년에 병을 비스듬히 꽂을 수 있도록 나무 판자에 구멍을 낸 거치대를 발명했다.

여기에 마개가 아래쪽을 향하게 샴페인 병을 꽂아 두면 침전물이 가라앉는 현상을 막을 수 있을 뿐만 아니라 샴페인을 잔에 따를 때 풍성한 거품이 생겼다. 이후 클리코 부인의 샴페인은 날개 돋친 듯 팔렸다.

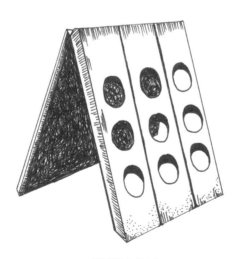

〈샴페인 병 거치대〉

테레사 곤살로

Teresa Gonzalo · 스페인 · 1977년 출생

테레사 곤살로는 질에 바르는 젤 형태의 피임 기구를 개발했다. 이 발명품은 살균제와 항염증제 효과가 있어 에이즈 감염 위험을 80퍼센트 가량 억제할 수 있었다.

생물의학과 약학 박사인 그는 공동 발명으로 두 개의 특허를 받았으며, 앰비옥스 바이오테크(Ambiox Biotech)를 공동 설립했다. 전공 분야는 암과 에이즈이며, 간장병과 종양, 에이즈 감염 등을 치료 및 예방하기 위해 나노입자를 이용하는 선택적 치료법을 전개하고 있다.

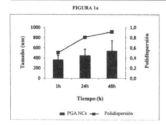
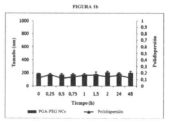

〈폴리머 쉘이 있는 나노 캡슐〉

템플 그랜딘

Temple Grandin · 미국 · 1947년 출생

템플 그랜딘은 태어난 지 6개월 무렵부터 자폐 증상을 보이며 부모와 정서적으로 교감하지 못했다. 템플은 어머니를 비롯해 그 누구에게도 안기지 않았다.

그랬던 그가 16세 때 허그 박스(Hug Box)를 발명했다. 허그 박스는 자폐 범주성장애 환자들이 안정을 찾을 수 있도록 포옹해 주는 기계로, 포옹의 세기나 시간을 조절할 수 있게 설계되었다. 템플은 삼촌이 운영하던 농장에서 수의사가 두 개의 금속판이 이어진 기계로 소들을 움직이지 못하게 압박하자 놀란 소들이 안정을 되찾는 모습에서 허그 박스에 대한 영감을 받았다.

템플은 현재 동물학자이자 콜로라도주립대학교 교수이다. 템플은 동물 복지와 사육장의 여건 향상, 그리고 동물을 활용하여 장애인을 치료하는 동물 매개 치료를 연구하고 있다.

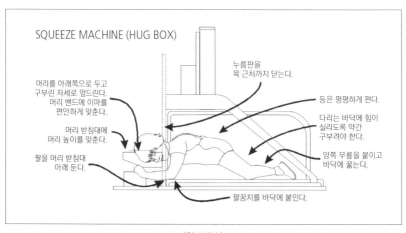

〈허그 박스〉

퍼트리샤 배스

Patricia Bath · 미국 · 1942년 출생

안과 의사인 퍼트리샤 배스는 미국 흑인 여성으로는 최초로 의학 분야에서 특허를 획득하였으며 미국실명예방협회를 설립했다.

가난한 집안에서 태어난 그는 어릴 때부터 성차별과 인종 차별을 겪었으며, 가난이라는 눈에 보이지 않는 적들과 싸워야만 했다.

의사였던 그는 수백 개가 넘는 의학 칼럼을 썼으며 4건의 발명품을 만들었다. 특허를 받은 발명품 중 가장 유명한 것은 백내장을 신속하고 통증 없이 제거하는 기구인 레이저파코(Laserphaco)이다.

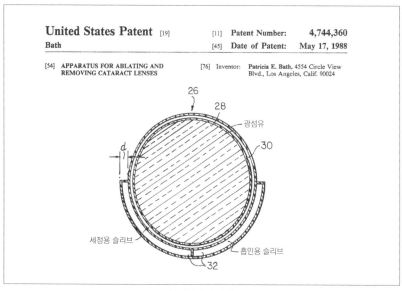

〈백내장 제거 장치〉

퍼트리샤 빌링스

Patricia Billings · 미국 · 1926년 출생

부서지지도, 불에 타지도 않는 건축 재료가 있다면 믿을 수 있을까? 퍼트리샤 빌링스가 발명한 지오본드(Geobond)가 바로 그것이다.

조각가였던 그는 백조 형상의 석고상을 만들다가 실수로 땅에 떨어뜨려 석고상이 깨진 것을 보고 지오본드를 만들기로 마음먹었다.

무려 8년 동안 여러 가지 재료로 시도한 끝에 섭씨 1000도가 넘는 온도를 견딜 뿐만 아니라 독성이 없고 어떤 충격에도 깨지거나 늘어나지 않는 재료를 개발해 냈다. 지오본드는 역사상 가장 혁신적인 재료라 할 만하다.

퍼트리샤는 지오본드를 바탕으로 건축 패널과 같은 관련 발명품의 특허를 여러 건 획득했다.

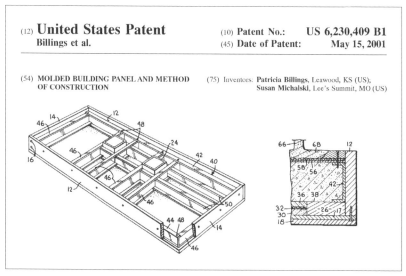

〈성형 건축 패널 및 시공 방법〉

페르미나 오르두냐

Fermina Orduña · 스페인 · ? ~ ?

페르미나 오르두냐는 스페인 여성 최초로 본인 이름으로 특허를 등록했다. 그는 막 짠 소나 염소의 젖을 각 가정으로 배달하는 특수한 수레를 발명했다. 요즘으로 치면 신선 배달 식품인 셈이다.

소나 염소를 경사면을 이용하여 수레 뒤편에 태우면 그때부터 착유가 시작된다. 우유를 담은 용기에 자동으로 뚜껑을 씌우는 장치, 물을 끓일 때 사용하는 온도 조절 장치가 달린 큰 솥과 거기서 발생하는 수증기를 배출하는 굴뚝, 뜨거운 물을 가득 채워 20분가량 온도를 유지하는 용기 등 작업에 필요한 모든 설비가 갖추어진 수레였다.

〈당나귀 또는 젖소 우유를 배달하기 위한 장치 및 시스템〉

프랜시스 가베

Frances Gabe · 미국 · 1915~2016

미국 오리건주 뉴버그시의 한 허름한 골목 끝자락에 매우 신기한 집이 한 채 있다. 프랜시스 가베가 발명한 자동으로 청소되는 집인데 관광 명소이다.

집안일을 지독히도 싫어했던 프랜시스는 68개가 넘는 장비를 갖춘 집을 발명했다. 그 집은 스스로 청소하고 자동으로 건조되는 집이다. 천장, 마루, 가구, 계단, 화장실, 심지어 개집까지 모두 자동으로 청소되었다.

톱니바퀴처럼 모든 장치가 맞물려 돌아가는 이 복잡한 집은 프랜시스 가베가 혼자서 10여 년 동안 만들어 낸 발명품인 동시에 그가 100세가 넘도록 살다 간 집이기도 하다.

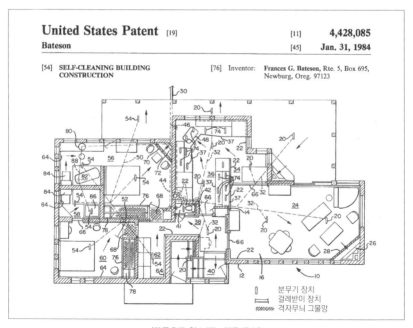

〈자동으로 청소되는 건물 구조〉

플로라 데 파블로 다빌라

Flora de Pablo Dávila · 스페인 · 1952년 출생

플로라 데 파블로 다빌라는 분자세포생물학 분야 전문가이다. 그는 인슐린과 인슐린의 전구체인 프로인슐린이 망막 퇴행 질환과 알츠하이머를 포함한 신경계 발달에 미치는 연구에 자신의 발명품을 활용했다.

또한 그는 많은 특허의 공동 발명가이기도 하다. 그중 〈신경 보호 약제 조성물의 제조를 위한 프로인슐린의 사용과 이를 함유한 치료용 조성물 및 그 적용〉이 유명하다.

이뿐 아니라 그는 여성 인권 보호에 헌신하고 있으며, 2001년에는 뜻을 같이하는 이들과 함께 여성발명기술자협회를 설립했다.

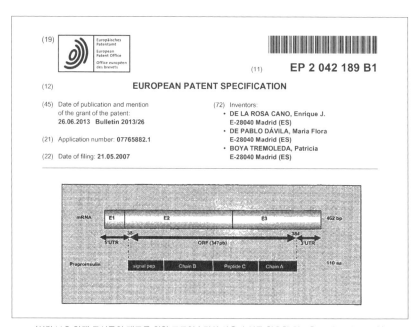

〈신경 보호 약제 조성물의 제조를 위한 프로인슐린의 사용과 이를 함유한 치료용 조성물 및 그 적용〉

플로렌스 파파트

Florence Parpart · 미국 · 1873~?

플로렌스 파파트는 남편과 함께 도로 청소 기계를 개발하여 상업화에 성공했다. 당시 뉴욕과 필라델피아 등 대도시 당국들은 주거지와 상업 구역을 깨끗하게 관리할 수 있는 청소 장비를 찾고 있었다. 파파트 부부의 발명품은 언론으로부터 호평을 받았으며 1902년에 샌프란시스코시와 계약을 맺고 이 발명품을 제조 및 판매하였다.

이것 말고도 플로렌스가 역사에 이름을 남긴 또 다른 발명품이 있다. 바로 전기로 작동하는 현대식 냉장고인데, 이는 이전에 개발된 가스 냉장고와는 확연히 달랐다.

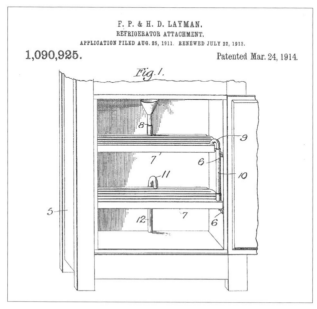

〈전기 냉장고〉

필라르 마테오

Pilar Mateo · 스페인 · 1959년 출생

필라르 마테오가 애니메이션 영화의 주인공이라면 그 신비한 능력으로 인해 분명히 램프의 요정 역을 맡게 될 것이다. 화학 박사인 필라르 마테오는 살충제 페인트를 개발하여 많은 생명을 지켜 냈다.

그의 발명품인 이네스플라이(Inesfly)는 절지동물이 옮기는 질병을 예방하는 데 효과적이다. 또한 외부의 기후 조건에 좌우되지 않아 오래 지속되었으며, 곤충이 매개체인 눈병의 일종인 샤가스병을 예방하는 데도 효과적으로 활용되었다.

필라르는 비정부기구인 세계원주민여성행동단체를 설립했으며, 현재 아프리카에서 말라리아 퇴치 운동을 벌이고 있다.

〈살충제 페인트〉

해리엇 러셀

Harriet Russell · 미국 · 1844~1926

    해리엇 러셀은 남편과 함께 생업이던 광업 분야에서 실패한 뒤, 농업에 종사하기 위해 캘리포니아로 이주했다. 그러나 가뭄이 닥쳐 물이 부족해지자 그마저도 힘들게 되었다. 그러던 와중에 남편까지 잃고, 해리엇에게 남은 것은 빚과 부양해야 할 딸 넷밖에 없었다.

    성격이 용감하고 결단력 있었던 해리엇은 좌절하지 않고 호두나무 농사를 시작했다. 실패를 반복하지 않으려면 더 이상 날씨에 좌우되지 않는 새로운 농사법을 개발해야 했다. 이에 저장 시스템을 설계하고 작물이 말라 죽지 않도록 관개 시스템을 만들었다. 이 새로운 농법은 수확량 증가뿐만 아니라 발명 특허라는 선물까지 안겨 주었다.

    그의 발명품 중에는 갈고랑이, 상하 개폐식 창문(미국에서는 매우 일반적인 창문 형태)도 있다. 해리엇은 발명뿐 아니라 여성 참정권 문제에도 헌신했다.

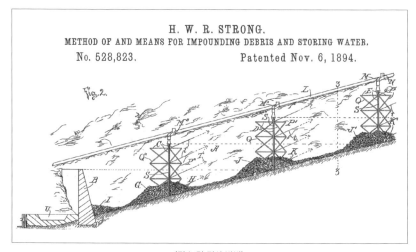

〈저수 및 저사 방법〉

헤디 라마

Hedy Lamarr · 오스트리아 1914년~미국 2000년

아름다운 배우이자 전기통신 공학자였던 헤디 라마는 조지 앤타일과 공동으로 주파수 도약 확산 스펙트럼(FHSS)을 개발했다. 이는 제2차 세계대전 당시 나치의 전함과 잠수함을 무찌르고 어뢰를 유인하기 위해 만든 것이다. 그렇지만 실제로 주파수 도약 확산 스펙트럼이 사용된 건 1962년의 쿠바 미사일 위기 때였다.

헤디가 발명한 이 기술은 오늘날 우리가 쓰고 있는 와이파이의 전신이라 할 수 있다.

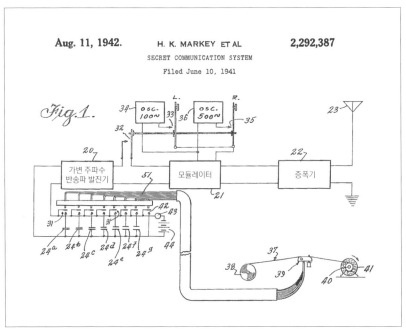

〈비밀 통신 시스템〉

헤르타 아일톤

Hertha Ayrton · 영국 · 1854~1923

헤르타 아일톤은 공학자이자 수학자, 물리학자이며 아크 방전 연구로 유명하다. 아크등은 공공 도로를 밝히는 데 널리 사용된다.

헤르타는 1885년에 선 분배기(Line-divider)라는 엔지니어링 설계 도구를 발명해 특허를 등록했다. 이 발명품은 형상을 줄이거나 늘리는 데 사용되기도 했다. 주로 예술가들이 사용했지만 건축가나 공학자들에게도 매우 유용한 도구였다.

헤르타는 총 26건의 특허를 보유했다. 그중 5건은 수학 분야, 13건은 아크등과 전극 분야, 나머지는 아일톤 팬(The Ayrton Fan)을 포함한 공기 방출과 관련된 특허이다. 아일톤 팬은 제1차 세계대전 당시 독가스 살포에 사용되기도 했다.

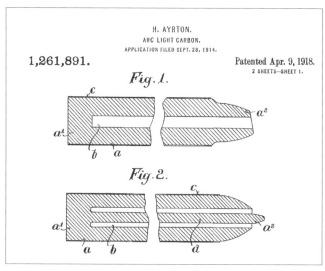

〈탄소아크등〉

헬레나 루빈스타인

Helena Rubinstein · 폴란드 1872년 ~ 미국 1965년

평범함 유대인 가정에서 태어난 헬레나 루빈스타인은 당시 많은 여자들이 그랬던 것처럼 현모양처가 되는 것이 꿈이었다. 그랬던 그가 1902년에 호주에서 훗날 코스메틱 왕국으로 눈부시게 성장할 사업을 시작하면서 인생이 완전히 달라졌다.

그는 라놀린, 허브, 나무껍질, 아몬드 등을 원료로 화장품을 만들었으며, 최초로 여성들의 피부를 건성, 지성, 복합성이라는 세 가지 타입으로 분류하였다. 그리고 자신이 만든 화장품을 판매하면서 멜버른과 런던, 뉴욕 등 세계의 대도시에 미용실을 열었다.

그의 아이디어는 거기서 그치지 않았다. 물에 지워지지 않는 마스카라와 화장품뿐 아니라 세계 최초로 자외선 차단제를 개발했으며, 식이와 피부의 관련성을 입증하기도 했다. 그의 발명품에 대한 특허는 모두 회사 이름으로 등록되었다.

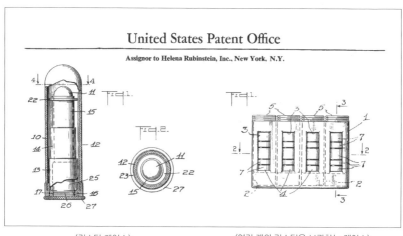

〈립스틱 케이스〉　　〈여러 개의 립스틱을 보관하는 케이스〉

헬레네 두트뢰

Hélène Dutrieu · 벨기에 1877년~프랑스 1961년

헬레네 두트뢰는 전통적인 여성상을 온몸으로 거부한 용기 있는 여성이었다. 사이클링 챔피언이자 카레이서, 비행기 조종사, 전쟁 시 앰뷸런스 조종사, 군병원 원장 등 헬레네의 직업은 셀 수 없이 많았다.

그는 14세에 학교를 그만두고 곡예와 이륜차 스포츠로 돈을 벌어 생계를 유지했다.

스포츠 분야에서 두각을 드러낸 헬레네는 '인간 화살'이라는 별명을 얻었으며, 벨기에 왕 레오폴드 2세는 그에게 산 안드레스 십자가 훈장을 수여했다.

헬레네는 곡예에 사용한 만곡부(활 모양으로 굽은 부분)와 경사로로 특허를 받았으며, 이것들은 지금도 이륜차 스포츠 전시회에서 사용되고 있다.

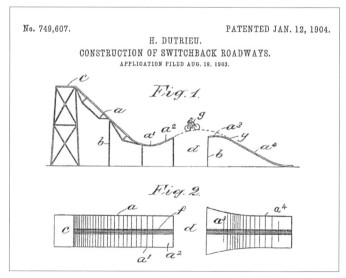

〈지그재그 도로〉

헬렌 오거스타 블랑샤르

Helen Augusta Blanchard · 미국 · 1840~1922

　헬렌 오거스타 블랑샤르는 제2차 산업혁명 시대에 가장 많은 발명을 한 사람 중 하나이다. 그는 학교에서 기계나 공학 교육을 받은 적은 없지만 특허를 받은 발명만 28건에 달한다. 그의 발명품은 모두 재봉틀과 재봉틀의 부속품 관련 장치들이다.

　세 아이의 어머니였던 헬렌은 부유한 가정 환경에도 불구하고 아버지의 거듭된 사업 실패로 대가족을 책임져야만 했다.

　그의 발명품들은 오늘날에도 일상적으로 사용되고 있는 것들이 대부분이다. 지그재그 스티치나 재봉틀로 만드는 단춧구멍, 기계식 연필깎이가 모두 그의 손에서 탄생했다.

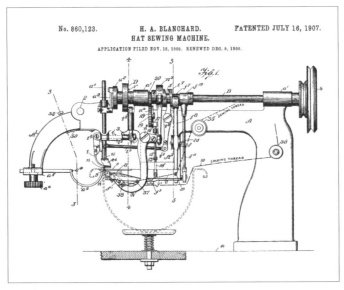

〈모자 재봉틀〉

히파티아

Hipatia de Alejandría · 고대 이집트 · 355년 혹은 370~415

수학자이자 천문학자였던 테온은 딸 히파티아에게 수학과 천문학을 가르쳤다. 히파티아는 알렉산드리아의 신플라톤 학파 학교에서 가장 뛰어난 철학자이자 최초의 여성 수학자였다. 히파티아는 기하학과 대수학에 대한 글을 썼으며 천체 관측기의 설계를 개선하고 증류수 추출기와 밀도계를 발명했다.

그러나 종교적인 이유와 위험한 사상을 유포한다는 모함을 받아 화형을 당해 생을 마감했다.

"생각할 권리를 지켜라. 틀리게 생각하는 것은 아무것도 생각하지 않는 것보다 낫다." 히파티아가 남긴 말이다.

히파티아는 생각의 자유를 수호하기 위해 목숨을 희생한 여성 지성인의 상징이다.

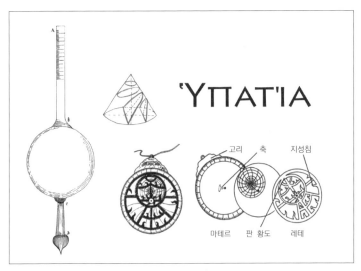

〈아스트롤라베〉

특허증을 발행한 국가

|||||||||||||||||||||||||||||||||||||||
US006728767B1

특허 번호

(12) **United States Patent**　　(10) **Patent No.:**　　**US 6,728,767 B1**
Day et al.　　　　　　　　　　(45) **Date of Patent:**　　**Apr. 27, 2004**

특허
등록일

발명의 명칭

발명가의
이름

(54) **REMOTE IDENTIFICATION OF CLIENT AND DNS PROXY IP ADDRESSES**

(75) Inventors: **Mark Day**, Milton, MA (US); **Gang Lu**, Belmont, MA (US); **Barbara Liskov**, Waltham, MA (US); **James O'Toole**, Cambridge, MA (US)

특허 출원인
또는 특허권자

(73) Assignee: **Cisco Technology, Inc.**, San Jose, CA (US)

(*) Notice: Subject to any disclaimer, the term of this patent is extended or adjusted under 35 U.S.C. 154(b) by 313 days.

특허 출원 번호

(21) Appl. No.: 09/642,143

(22) Filed: **Aug. 18, 2000**　　출원일

기술 분야에
따른 분류

(51) Int. Cl.⁷ G06F 15/173
(52) U.S. Cl. **709/223**; 709/224; 709/245
(58) Field of Search 709/223, 224, 709/245

(56) **References Cited**

U.S. PATENT DOCUMENTS

5,712,979 A	*	1/1998	Graber et al.	709/224
5,764,910 A	*	6/1998	Shachar	709/223
6,052,718 A		4/2000	Gifford	809/219
6,092,100 A	*	7/2000	Berstis et al.	709/203
6,300,863 B1	*	10/2001	Cotichini et al.	340/5.8
6,332,158 B1	*	12/2001	Risley et al.	709/219
6,345,294 B1		2/2002	O'Toole et al.	709/222

심사관이 참조한
특허 목록

6,505,254 B1	*	1/2003	Johnson et al.	709/239
6,513,061 B1	*	1/2003	Ebata et al.	709/203
6,578,066 B1	*	6/2003	Logan et al.	709/105
2001/0034657 A1	*	10/2001	Shuster et al.	705/26
2001/0039585 A1	*	11/2001	Primak et al.	709/228
2002/0046293 A1	*	4/2002	Kabata et al.	709/245
2003/0093523 A1	*	5/2003	Cranor et al.	709/225

* cited by examiner

Primary Examiner—Dung C. Dinh
Assistant Examiner—Bradley Edelman
(74) *Attorney, Agent, or Firm*—Hamilton, Brook, Smith & Reynolds, P.C.

발명에 대한
요약 설명

(57)　　**ABSTRACT**

A network operator identifies an address of a network element used by a particular client to obtain IP addresses. The client sends a test message to a test URL which includes a unique host name unknown to the client or network element. The network element accesses an authoritative server, which records the IP address of the requesting network element and resolves the host name in the test URL to a test IP address. The server records an IP address of the client when the client subsequently sends a message directly to the test IP address. In an alternative embodiment, another network node generates a redirect command, which incorporates the client IP address in a test URL, to allow for single-message determination of the network element and client IP addresses by the authoritative server. In both embodiments, user unique test URLs may be generated to allow the network operator to assist many users.

55 Claims, 6 Drawing Sheets

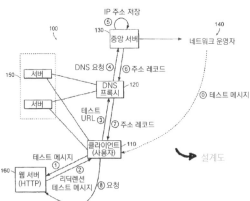

206

• 발명 특허 읽는 법 •

이 책을 읽고 어떤 생각이 들었나요? 나도 발명을 해 보고 싶다는 열정이 생겼다거나, 밤하늘을 가르는 유성처럼 여러분 머릿속에 전구가 반짝 켜지진 않았나요? 이 책에 실린 발명가들처럼 특허를 받을 만한 기발한 아이디어가 있거나, 혹은 여러분보다 앞서 비슷한 아이디어로 특허를 받은 사람은 없는지 확인하고 싶을 때를 대비해서 특허증 읽는 방법을 소개해요. 왼쪽 페이지에 실린 예시는 특허증 첫 페이지에 명시되는 내용들이에요.

바버라 리스코프의 특허를 예로 들어 보죠. (10), (12), (21), (22) 등과 같은 괄호 안 번호는 세계지식재산기구(WIPO)의 INID 코드예요. INID 코드는 모든 국가에서 동일하게 사용되는 식별 항목이에요. 국가마다 언어가 다르더라도 INID 코드를 보면 어떤 항목에 대한 건지 알 수 있지요. 예를 들어 (21)은 특허 출원 번호이며, (22)는 출원일에 대한 항목을 나타내요.

(12)는 특허증을 발행한 국가를 나타내요. 바버라 리스코프의 특허증을 발행한 미국은 이 발명품이 실제로 사용되기 시작한 국가이기도 하지요. 간혹 동일한 발명품이 여러 국가에서 동시에 탄생하는 경우도 있어요. 그런 경우에는 하나의 특허군이 생성되죠. 분석가들은 많은 국가에서 발명품이 탄생할수록 더 큰 경제적 잠재력을 가질 수 있다고 말해요.

(45)는 특허 등록일이며, (54)는 발명의 명칭을 나타내요. 명칭에는 발명의 내용이 반영되어야 해요. '향상'이라든지 '제품', '절차', '이용' 등은 제목에 단골로 쓰이는 용어들이지요.

(75)는 발명가의 이름이에요. 서문에서도 언급했지만 발명가들이 본인의 이름을 바꾸거나 혹은 줄여서 썼으며, 기호를 쓰기도 하고 심지어는 글자를 빼먹고 쓴 경우도 많아서 발명가들을 추적하기 어려운 경우가 꽤 많았어요. 과거에는 특허증에 이름과 함께 설계도 아랫부분에 서명을 해야 했기 때문에 이를 통해 발명가에 대한 정보를 많이 찾아낼 수 있었어요. 각기 다른 이름으로 여러 개의 발명품에 대한 특허를 받았더라도 서명이 동일하다면 모두 한 사람의 것임을 확인할 수 있었으니까요.

(73)은 특허 출원인 또는 특허권자를 나타내요. 특허 주인이 법인인 경우는 발명에 대한 권리를 가지는 주체가 회사가 돼요. 이 책에 소개된 물리학자나 화학자 중 이런 경우에 속하는 이들이 많아요. 헬레나 루빈스타인과 루스 핸들러를 비롯한 많은 기업인들이 자신의 발명품을 회사 명의로 등록했지요.

(21)은 특허 출원 번호이며, (22)는 출원일이에요. 출원일은 지금까지도 많은 논쟁거리가 되고 있어요. 역사적으로 발명 목록을 작성할 때 유효한 날짜는 출원일이지, 출원일보다 더 늦은 등록일(45)은 아니거든요. 발명가 본인조차도 발명에 대해 말할 때 아이디어가 떠오른 그날 또는 그해를 언급하는 경우가 대부분이죠. 하지만 그 외의 경우는 출원일이 아니라 등록일이 언급되는 경우가 많아요. 이 책에 소개된 특허 중에서도 등록일이 언급된 경우가 있는데, 경우에 따라 출원이 아니라 등록이 중요한 발명들도 있기 때문이지요.

*는 특허와 관련한 중요한 사항을 나타내요. 특허와 관련한 항의(예컨대, 누군가가 발명에 대해 모작이라고 주장한다든지 소송을 제기하는 경우)나 권리 양도 등의 내용이 기재돼요.

(51)에서 (58)까지는 기술 분야에 따른 분류를 나타내며, (56)은 심사관이

참조한 특허 목록으로 해당 특허와 비슷한 특허 목록이에요. 발명의 기술적인 부분에 대한 특허를 받기 전에 비슷한 유형의 발명을 조사하는 작업이 선행되어야 하지요.

(57)은 발명에 대한 요약 설명이에요. 이 부분은 간략한 개요 형식이에요. 발명에 대한 구체적인 설명은 특허증 맨 마지막 장에 있는 명세서에 기재되어 있답니다.

| 참고 웹사이트 |

www.celiasanchezramos.com

inventors.about.com/od/womeninventors

www.oepm.es

patentscope.wipo.int

www.protectia.eu

theinventors.org

famousfemalescientists.com

mujeresconciencia.com

patents.google.com

www.pilarmateo.com

speedpatent.es

www.women-inventors.com

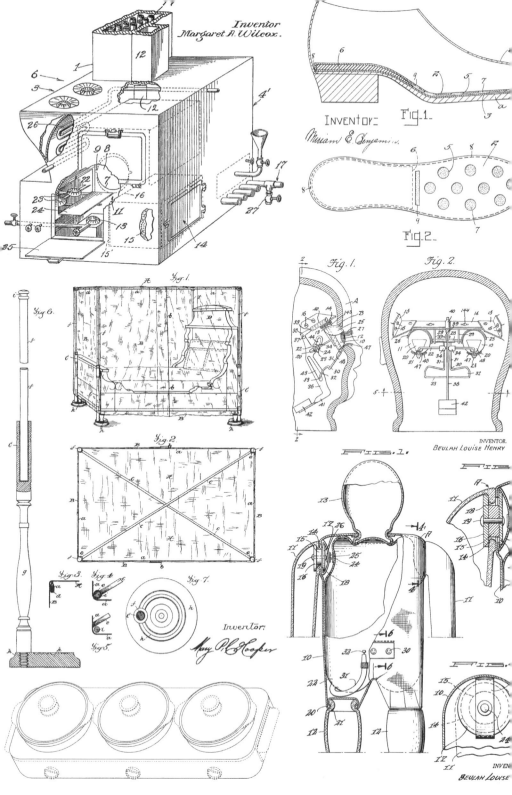

Inventor
Margaret A. Wilcox.

INVENTOR:
Miriam E. Benjamin.

Fig.1.

Fig.2.

Fig.6.

Fig.1.

Fig.2.

Fig.3.   Fig.4.

Fig.5.   Fig.7.

Inventor:
May R. Hooper.

Fig.1.   Fig.2.

INVENTOR.
BEULAH LOUISE HENRY

FIG.1.

FIG.

FIG.

INVEN
BEULAH LOUISE

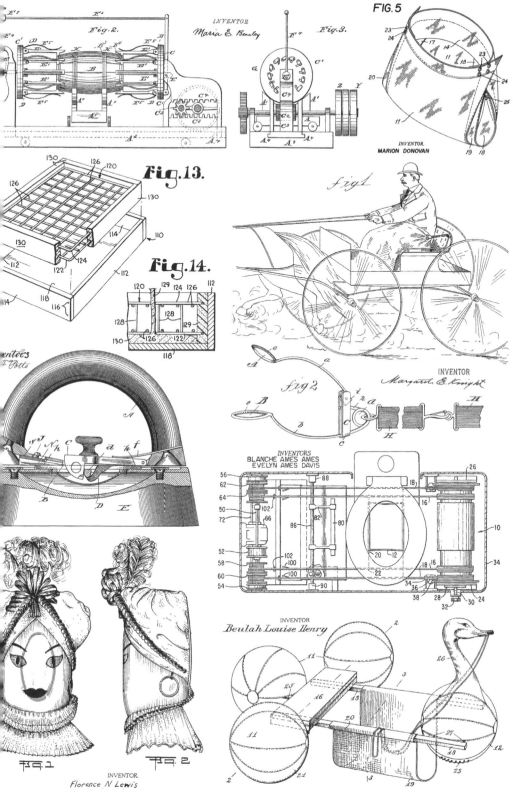

INVENTOR
Maria E. Beasley
Fig. 2.

Fig. 3.

FIG. 5

INVENTOR.
MARION DONOVAN

Fig. 13.

Fig. 14.

INVENTOR
Margaret E. Knight

fig 1

fig 2

INVENTORS
BLANCHE AMES AMES
EVELYN AMES DAVIS

INVENTOR
Beulah Louise Henry

INVENTOR.
Florence N Lewis